Wissenschaftliche Taschenbücher WTB

Chemie

Dieter Onken

Antibiotika

Chemie und Anwendung

THEORIA CUM PRAXI

Akademie-Verlag · Berlin

WTB Wissenschaftliche Taschenbücher

Eine Auswahl lieferbarer Bände:

JOACHIM AUTH / DIETMAR GENZOW
KLAUS H. HERRMANN
Photoelektrische Erscheinungen

HANS BANDEMER
ANDREAS BELLMANN
WOLFHART JUNG / KLAUS RICHTER
Optimale Versuchsplanung

FRANK BEICHELT
Prophylaktische Erneuerung von Systemen

JOACHIM BELLACH / PETER FRANKEN
ELKE WARMUTH / WALTER WARMUTH
Maß, Integral und bedingter Erwartungswert

WOLFRAM BRAUER
HANS-WALDEMAR STREITWOLF
Theoretische Grundlagen der Halbleiterphysik

SIEGFRIED BREHMER
Einführung in die Maßtheorie

SIEGFRIED BREHMER
Hilbert-Räume und Spektralmaße

JOHN CUNNINGHAM
Vektoren

GEORG DAUTCOURT
Relativistische Astrophysik

K. CH. DELOKAROV
Relativitätstheorie und Materialismus

WERNER DÜCK
Diskrete Optimierung

HANNELORE FISCHER
JOACHIM PIEHLER
Modellsysteme der Operationsforschung

GOTTFRIED FRITZSCHE
Grundlagen und Entwurf passiver Analogzweipole
Netzwerke I
Entwurf passiver Analogvierpole
Netzwerke II

HERBERT GOERING
Asymptotische Methoden zur Lösung von Differentialgleichungen

HERBERT GOERING
Elementare Methoden zur Lösung von Differentialgleichungsproblemen

EDUARD HERLT / NIKOLAUS SALIÉ
Spezielle Relativitätstheorie

HELMUT HESS
Der elektrische Durchschlag in Gasen

V. I. KARPMAN
Nichtlineare Wellen in dispersiven Medien

ULRICH KAUSMANN
KLAUS LOMMATZSCH
FRANTIŠEK NOŽIČKA
Lineare parametrische Optimierung

A. R. KESSEL
Akustische Kernresonanz

KONRAD KREHER
Festkörperphysik

DIETER KRESS
Theoretische Grundlagen der Signal- und Informationsübertragung

DIETER LEUSCHNER
Grundbegriffe der Thermodynamik

V. S. LETOCHOW
Laserspektroskopie

DIERCK-EKKEHARD LIEBSCHER
Relativitätstheorie mit Zirkel und Lineal

WOLFGANG MEILING
Digitalrechner in der elektronischen Meßtechnik
Teil 1: Meßmethodik
Teil 2: Gerätetechnik und Anwendungen

L. I. MIROSCHNITSCHENKO
Kosmische Strahlen im interplanetaren Raum

PETER PAUFLER
GUSTAV E. R. SCHULZE
Physikalische Grundlagen mechanischer Festkörpereigenschaften
Teil I und II

ULRICH RÖSEBERG
Quantenmechanik und Philosophie

ALBRECHT ROST
Messung dielektrischer Stoffeigenschaften

J. V. SAČKOV
Wahrscheinlichkeit und Struktur

E. M. SAWIZKI
Perspektiven der Metallforschung

WOLFGANG SCHÄFER
Theoretische Grundlagen der Stabilität technischer Systeme

ERNST SCHMUTZER
Symmetrien und Erhaltungssätze der Physik

VOLKMAR SCHURICHT
Kernexplosionen für friedliche Zwecke

NORBERT SIEBER
HANS-PETER LEIDHOLD
Einführung in die Datenverarbeitung

GERHARD WUNSCH
Zellulare Systeme

Festkörperphysik
Entwicklungstendenzen und Anwendungsmöglichkeiten

Die Schöpfer der physikalischen Optik
Eine Artikelsammlung

HANS-GEORG SCHÖPF
Von Kirchhoff bis Planck

HORST MELCHER
Albert Einstein wider Vorurteile und Denkgewohnheiten

RENATE WAHSNER
Mensch und Kosmos
Die copernicanische Wende

HELMUT FRIEMEL / JOSEF BROCK
Grundlagen der Immunologie

EBERHARD HOFMANN
Funktionelle Biochemie des Menschen
Band 1 und 2

LOTHAR JÄGER
Grundlagen der Klinischen Immunologie

KARLHEINZ LOHS
DIETER MARTINETZ
Entgiftung — Mittel, Methoden und Probleme

JOACHIM NITSCHMANN
Entwicklung bei Mensch und Tier

STEPHAN SCHNITZLER
Pharmakologische Aspekte von Immunreaktionen

DIETER SPAAR
HELMUT KLEINHEMPEL
HANS JOACHIM MÜLLER
KLAUS NAUMANN
Bakteriosen der Kulturpflanzen

Eberhard Teuscher
Pharmakognosie
Teil I – III

Michael Theile
Siegfried Scherneck
Zellgenetik

Heinrich Bremer
Klaus-Peter Wendlandt
Heterogene Katalyse

Peter Birner
Hans-Jörg Hofmann
Cornelius Weiss
MO-theoretische Methoden in der organischen Chemie

Günter Eppert
Einführung in die Schnelle Flüssigchromatographie

Gerhard Geiseler / Heinz Seidel
Die Wasserstoffbrückenbindung

Helmut Hrapia
Einführung in die Chromatographie

Hans Luppa
Grundlagen der Histochemie
Teil I und II

Burkart Philipp
Gerhard Reinisch
Grundlagen der makromolekularen Chemie

Horst Remane / Rainer Herzschuh
Massenspektrometrie in der organischen Chemie

Adolf Zschunke
Kernmagnetische Resonanzspektroskopie in der organischen Chemie

Vorschau auf die nächsten Bände:

Heinrich Arnold
Physikalische Chemie der Halbleiter

Horst-Heino von Borzeszkowski
Renate Wahsner
Newton und Voltaire

Werner Döpke
Dynamische Aspekte der Stereochemie organischer Verbindungen

Gottfried Fritzsche
Entwurf aktiver Analogsysteme
Netzwerke III

Falko H. Herrmann
Marina Herrmann
Das Hämoglobin des Menschen

Gerhard Jackisch
Johann Heinrich Lamberts „Cosmologische Briefe“ mit Beiträgen zur Frühgeschichte der Kosmologie

Hasso Meinert
Fluorchemie

Das Neutron
Eine Artikelsammlung

Robert Rompe
Hans-Jürgen Treder
Über Physik – Studien zu ihrer Stellung in Wissenschaft und Gesellschaft

Rainer Sinz
Chronopsychophysiologie, Chronobiologie und Chronomedizin

Hubertus Stolz
Supraleitung

WTB

BAND 205

Dieter Onken

Antibiotika
Chemie und Anwendung

Mit 55 Abbildungen und 3 Tabellen

AKADEMIE-VERLAG · BERLIN

Reihe CHEMIE

Herausgegeben im Auftrage der Akademie der Wissenschaften der DDR

von

Prof. Dr. Dr. h. c. H. Klare, Berlin
Prof. Dr.-Ing. Dr. h. c. E. Leibnitz, Berlin
Prof. em. Dr.-Ing. habil. Dr. h. c. mult. K. Schwabe, Meinsberg

Verantwortlicher Herausgeber dieses Bandes:
Prof. Dr.-Ing. Dr. h. c. E. Leibnitz

Verfasser:
Dr. sc. nat. Dieter Onken

1979
Erschienen im Akademie-Verlag, 108 Berlin, Leipziger Str. 3—4

Lizenznummer: 202 · 100/488/79
Herstellung: VEB Druckhaus „Maxim Gorki“, 74 Altenburg
Bestellnummer: 762 365 1 (7205) · LSV 1274/2064
Printed in GDR
DDR 8,— M

Vorwort

1978 waren genau 50 Jahre vergangen, seit der britische Bakteriologe Sir ALEXANDER FLEMING entdeckte, daß ein Stoffwechselprodukt des Schimmelpilzes *Penicillium notatum* in der Lage ist, Bakterienkulturen in ihrem Wachstum zu hemmen. Damit begann die Entwicklung der Antibiotika, einer Stoffklasse, die in der Therapie einer Vielzahl von Infektionskrankheiten unschätzbaren Wert besitzt. Somit gehören die Antibiotika zu den lebensrettenden Arzneimitteln.

Eine Vielzahl von Forschergruppen beschäftigt sich seit Jahrzehnten mit der Entwicklung und Weiterentwicklung dieser wichtigen Verbindungen, die in ihrer chemischen Struktur zum großen Teil stark voneinander abweichen. Mikrobiologen, Chemiker und Technologen entwickeln Verfahren zu ihrer Herstellung, Pharmakologen und Kliniker prüfen ihre antibakterielle Wirkung, ihre pharmakokinetischen und therapeutischen Eigenschaften, und Galeniker überführen die Wirkstoffe in anwendungsgerechte Arzneifertigwaren. Somit beweist sich auch bei der Entwicklung der Antibiotika der interdisziplinäre Charakter der Arzneimittelforschung.

Das vorliegende Taschenbuch kann die in der Fachliteratur vorhandene Fülle von Untersuchungsergebnissen der Antibiotikaforschung und -anwendung nur in stark verdichteter Form wiedergeben. Im zur Verfügung stehenden begrenzten Umfang kann nur auf die wesentlichen in die Praxis eingeführten Antibiotika eingegangen werden. Neue, noch in Entwicklung befindliche Antibiotika sind im Text erwähnt, aber nicht ausführlich beschrieben worden.

Für den praktizierenden Arzt gibt es eine Fülle umfassender Monographien, die die für die Anwendung der Antibiotika notwendigen Hinweise geben und durch kein Taschenbuch ersetzt werden können.

Es wird hier der Versuch unternommen, dem an der Arzneimittelentwicklung und -produktion interessierten Naturwissenschaftler und Arzt die Stoffklasse der Antibiotika hinsichtlich ihrer Chemie und Anwendung vorzustellen. Dabei wird das bis Juni 1977 zugängliche internationale Schrifttum berücksichtigt.

Frau Apotheker Räche und meiner Frau bin ich für die bei den Korrekturarbeiten aufgewandte Mühe und zahlreiche Ratschläge zu Dank verpflichtet. Dem Akademie-Verlag danke ich für das verständnisvolle Eingehen auf meine Wünsche und die sorgfältige Drucklegung.

Jena, September 1978 *Dieter Onken*

Inhalt

Einleitung

Die Bezeichnung Antibiotika wurde von WAKSMAN für solche Stoffe geprägt, die von Mikroorganismen erzeugt werden und selbst in starker Verdünnung das Wachstum oder das Leben anderer Mikrobenarten verhindern. Antibiotika gehören zu den Chemotherapeutika; es sind Arzneimittel, die ohne Schädigung des Wirtsorganismus zur Behandlung bakterieller Infektionen und Infektionskrankheiten, Protozoenkrankheiten, Viruserkrankungen, Mykosen und Tumorzellen eingesetzt werden. Im Gegensatz zur Therapie mit anderen Arzneimitteln (z. B. Analgetika, Psychopharmaka, Hormonen) sind bei der Therapie mit Antibiotika drei sich gegenseitig beeinflussende Partner zu beachten:

- der Makroorganismus (Mensch oder Nutztier) mit seinen vielfältigen Erscheinungen,
- der Mikroorganismus (Krankheitserreger) und
- das Antibiotikum, das durch seine Wirkungsweise, seine Pharmakokinetik und durch sein Wirkungsspektrum charakterisiert ist.

Die Entwicklung der Antibiotika begann 1940, als FLOREY, CHAIN und Mitarbeiter erkannten, daß das 1928 von FLEMING entdeckte Penizillin mit gutem Erfolg in der Therapie eingesetzt werden kann. Die auf diesem Befund aufbauenden umfangreichen Forschungs- und Entwicklungsarbeiten führten zur Entdeckung einer Reihe weiterer Antibiotika mit unterschiedlichen Strukturen und Eigenschaften.

Seit 1960 erschien eine Vielzahl halbsynthetischer Antibiotika auf dem Arzneimittelmarkt. Diese Antibiotika werden durch chemische Umwandlungen an der

Peripherie fermentativ zugänglicher Grundmoleküle hergestellt. Dazu gehören beispielsweise halbsynthetische Penizilline und Zephalosporine, Rifampizin und eine Reihe anderer Umwandlungsprodukte biosynthetisch hergestellter Grundkörper.

Die Antibiotika wurden nahezu 20 Jahre in der medizinischen Praxis angewandt, ohne daß ihr Wirkungsmechanismus im Detail bekannt war und bei der Anwendung berücksichtigt werden konnte. Diese Unkenntnis über die biologischen Vorgänge im Makro- und Mikroorganismus führte schließlich zu Mißerfolgen in der Therapie, die u. a. auf das weltweite Entstehen mehrfachresistenter Bakterienstämme zurückzuführen sind. Eine große Anzahl solcher Stämme ist sogar in der Lage, ihre Resistenz auf andere Bakterien zu übertragen.

Unter Resistenz ist das Auftreten von Keimen zu verstehen, die gegenüber dem eingesetzten Antibiotikum widerstandsfähig sind. Es wird dabei zwischen einer natürlichen (beruht auf einer stets vorhandenen, genetisch bedingten Unempfindlichkeit), einer primären (ein Teil von Bakterienstämmen einer Art ist resistent, ein anderer Teil empfindlich) und einer sekundären (entsteht während der Therapie durch Auftreten resistenter Erreger) Resistenz unterschieden. Ursachen für das Auftreten einer Resistenz sind z. B. die schnelle Inaktivierung des eingesetzten Antibiotikums durch enzymatischen Abbau, spezielle Stoffwechselveränderungen oder die Hemmung der Penetration. Parallelresistenz (früher als Kreuzresistenz bezeichnet) tritt auf, wenn die Resistenzentwicklung gegenüber einem bestimmten Antibiotikum gleichzeitig zur Resistenz gegenüber einem anderen Antibiotikum führt. Diese Erscheinung ist in der Regel innerhalb einer Antibiotikagruppe mit gleichen oder ähnlichen Strukturelementen verbreitet, sie kann aber auch über mehrere Antibiotikagruppen hinweg auftreten.

Die Aufgabe für die Forschung und Entwicklung besteht nunmehr darin, die Eigenschaften bereits bekannter Antibiotika zu verändern und ihre Strukturen so abzuwandeln, daß sie auch gegenüber resistenten Erregern wieder wirksam werden.

Das klassische Beispiel für die Aufklärung des Resistenzmechanismus bieten das Penizillin und solche Antibiotika, die ebenso wie das Penizillin in ihrem Molekül einen β-Laktamring besitzen. So wurde gefunden, daß resistente Stämme des Eitererregers *Staphylococcus aureus* das Penizillinmolekül mit Hilfe des Enzyms *Penicillinase* durch hydrolytische Spaltung zerstören (Abb. 1). Das bei dieser Hydrolyse entstehende Penizillinsäurederivat ist gegenüber diesen Keimen dann wirkungslos. Somit ist ein *Penicillinase* bildender Stamm des *Staphylococcus aureus* gegenüber Penizillin resistent.

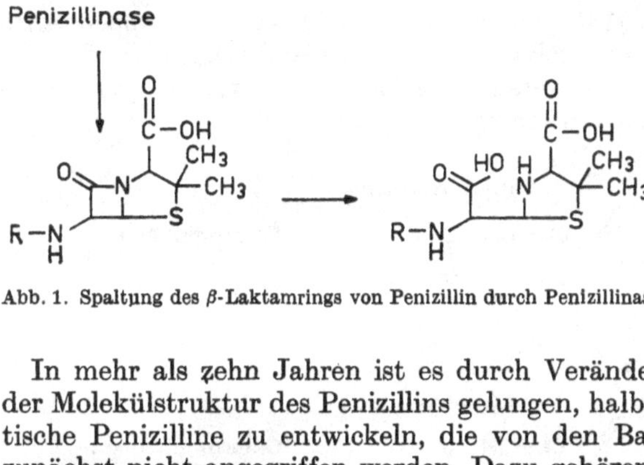

Abb. 1. Spaltung des β-Laktamrings von Penizillin durch Penizillinase

In mehr als zehn Jahren ist es durch Veränderungen der Molekülstruktur des Penizillins gelungen, halbsynthetische Penizilline zu entwickeln, die von den Bakterien zunächst nicht angegriffen werden. Dazu gehören solche wichtigen, seit mehreren Jahren in die Praxis eingeführten Antibiotika wie Ampizillin, Kloxazillin und Karbenizillin.

Auch die Zephalosporine, eine den Penizillinen strukturell sehr ähnliche Stoffklasse, verdanken der gegenüber Penizillin vermehrt auftretenden Resistenz ihre schnelle Entwicklung (Abb. 2).

Neben Enzymsystemen, die die Antibiotika durch hydrolytische Spaltung entaktivieren, gibt es auch azety-

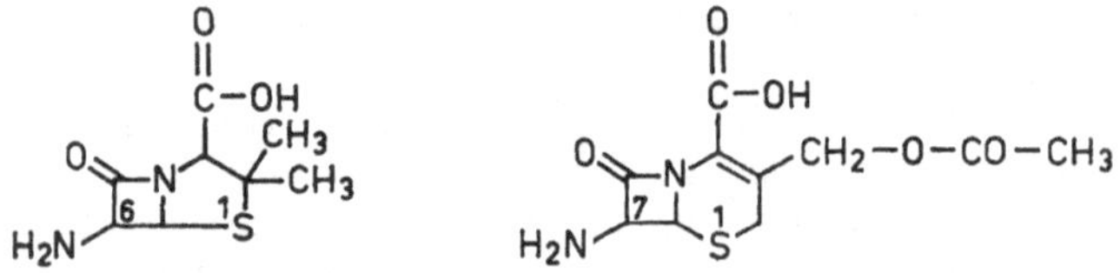

6-Aminopenizillansäure 7-Aminozephalosporansäure

Abb. 2. Gegenüberstellung des Penizillin- und Zephalosporinkerns

lierende Enzyme. So wird beispielsweise das Antibiotikum Chloramphenikol durch stufenweise Einführung von zwei Azetylgruppen in das Molekül völlig unwirksam (Abb. 3). Darüber hinaus gibt es auch Enzymsysteme, die mit Hilfe von Phosphat- oder Adenylgruppen Antibiotika entaktivieren. Diese Erscheinungen wurden bei solchen bekannten Antibiotika wie Streptomyzin, Neomyzin oder Kanamyzin beobachtet.

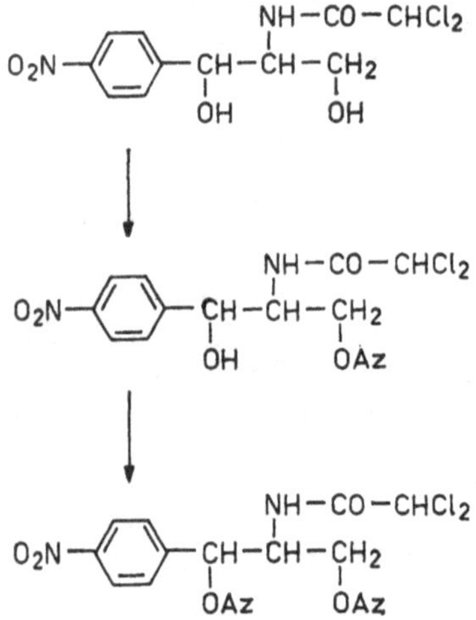

Chloramphenikol

Chloramphenikol-monoazetat

Chloramphenikol-diazetat

Abb. 3. Stufenweise Azetylierung und damit Inaktivierung des Antibiotikums Chloramphenikol mittels spezieller Enzymsysteme

So besteht zwischen den Erregern und ihrer gegenüber bestimmten Antibiotika zunehmenden Resistenz einerseits und dem Ideenreichtum der Wissenschaftler bei der Entwicklung neuer wirksamer Strukturen andererseits ein ständiger Wettbewerb, der zur Einführung stets neuer origineller Antibiotika in die ärztliche Praxis führt.

Allgemeiner Teil

1. Einteilung der Antibiotika

Die Antibiotika können nach verschiedenen Aspekten in einzelne Gruppen eingeteilt werden, und zwar entweder nach Stoffklassen — hier spielt die chemische Struktur die entscheidende Rolle — oder nach ihrem Wirkungsspektrum. Beide Möglichkeiten haben sich in der Praxis bewährt und sollen deshalb hier vorgestellt werden.

Einteilung nach Stoffklassen:

β-Laktam-Antibiotika
  Penizilline
  Zephalosporine
Tetrazykline
Aminoglykoside
Makrolide
Polypeptide
Chloramphenikol
Weitere Stoffklassen

Die wesentlichen Strukturtypen sind in Abb. 4 zusammengestellt.

Einteilung nach dem Wirkungsspektrum:

1. Gruppe: Antibiotika mit einer Wirkung gegenüber grampositiven Bakterien[1]). Hierzu gehört als wichtigstes Antibiotikum das Penizillin, ferner Erythromyzin und Linkomyzin.

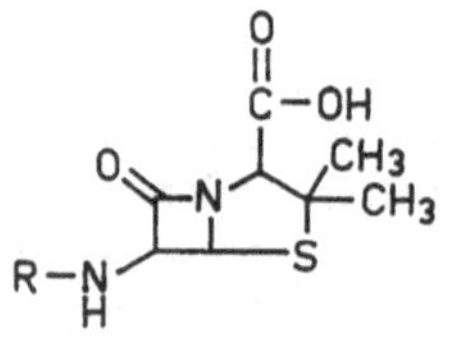

Penizillin-Typ

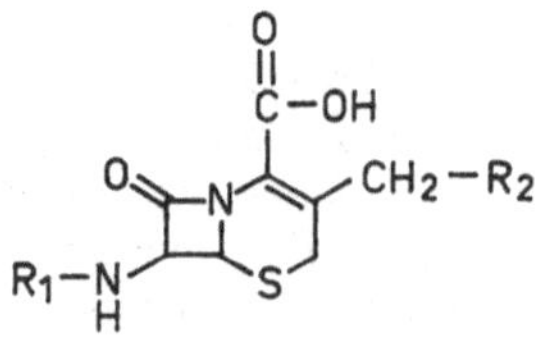

Zephalosporin-Typ

β-Laktam-Antibiotika

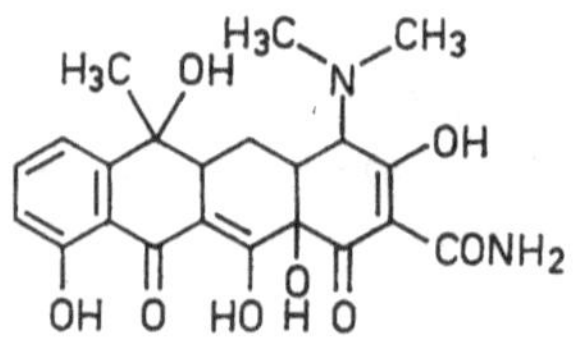

Tetrazyklin

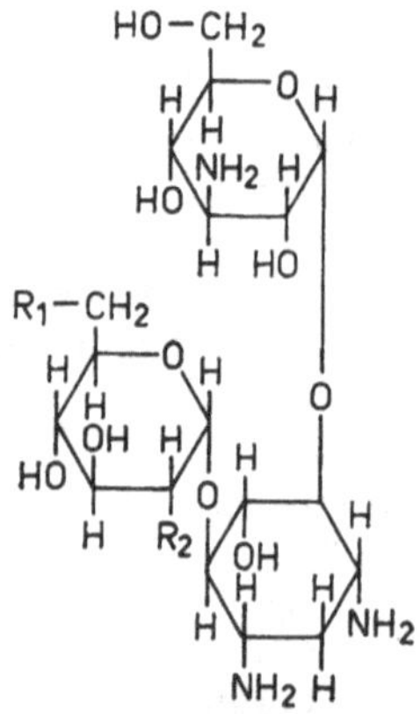

Kanamyzin-Typ (Aminoglykosidantibiotikum)

Abb. 4. Ausgewählte Strukturtypen spezieller Antibiotika

2. Gruppe: Antibiotika mit einer Wirkung gegenüber gramnegativen Bakterien[1]). Hierzu gehören die Polymyxine.

---

[1]) Bei einer nach dem dänischen Pharmakologen und Pathologen GRAM benannten Technik lassen sich Bakterien unterschiedlich anfärben. Dieses Prinzip beruht darauf, daß sich der aus Karbolgentianaviolett und Kaliumjodid gebildete dunkelblaue Gramfarbstoff an bestimmte Lipoproteide der Bakterien bindet. Die sog. grampositiven Bakterien sind nach der Behandlung blau und die gramnegativen Bakterien rot gefärbt.

3. Gruppe: Breitspektrum-Antibiotika. Das sind solche Wirkstoffe, die sowohl grampositive als auch gramnegative Erreger treffen. In erster Linie sind Chloramphenikol und die Tetrazykline in diese Gruppe einzuordnen. Darüber hinaus gehören auch Ampizillin und die Zephalosporine in diese Gruppe.

4. Gruppe: Antimykotika. Hierzu zählen Antibiotika, die vorzugsweise gegen bestimmte Pilzerkrankungen eingesetzt werden, wie z. B. Griseofulvin.

Auch eine Einteilung nach dem Wirkprinzip (bakteriostatisch oder bakterizid) wird von einigen Autoren angewandt.

Die Gliederung des vorliegenden Taschenbuches richtet sich im wesentlichen nach der zuerst genannten Einteilung, d. h. ihr liegt der strukturelle Aufbau der Antibiotika als ordnendes Prinzip zugrunde.

2. Wirkungsmechanismus

Um die antibakterielle Wirkung der Antibiotika verstehen zu können, ist es notwendig, ihren Wirkungsmechanismus, der bei einer Vielzahl wichtiger Antibiotika bekannt ist, kennenzulernen.

Die Zellwand der Bakterien besteht aus einer Mureinschicht sowie einer Lipoprotein- und einer Lipopolysaccharidschicht. Die Mureinschicht enthält Aminozucker, N-Azetylglukosamin und Muraminsäure. Die β-glykosidisch zu Polysaccharidketten verknüpften Aminozucker umgeben ringförmig die Bakterienzelle. Untereinander sind die einzelnen Ringe über Oligopeptidketten verbunden. Die Mureinschicht umgibt die Bakterienzelle bei gramnegativen Erregern als eindimensionales und bei grampositiven Erregern als dreidimensionales Makromolekül. Ab- und aufbauende Enzyme regeln durch ein fein abgestimmtes Verhältnis das Wachstum der Bakterienzellwand.

Bestimmte Antibiotika stören nunmehr die aufbauenden Enzyme in ihrer Funktion und beeinträchtigen die abbauenden Enzyme nicht. Unter dem Einfluß von Penizillinen und Zephalosporinen kommt es z. B. zu einer Hemmung des Aufbaus der Mureinschicht und somit zu einer Hemmung des Aufbaus der Bakterienzellwand. Die Wand osmotisch empfindlicher Zellen dehnt sich im hypotonen Milieu, die Zellmembran wird permeabel, und es tritt letztlich Lysis auf. In einem hypertonen Milieu entstehen zellwandlose Bakterien — als Persisterformen bezeichnet —, die gegebenenfalls die Einwirkung der Antibiotika überleben.

Die Antibiotika Chloramphenikol, die der Tetrazyklin- und Aminoglykosidreihe greifen in die Proteinbiosynthese der Bakterien ein und stören die Funktion der Ribosomen. Aminoglykosidantibiotika beeinflussen darüber hinaus den genetischen Code der Mikroorganismen. Es kommt zu Fehlsteuerungen der Nukleotidsequenz der mRNS[1]) und in der Folge zur Bildung funktionsloser „Nonsense"-Proteine. Die Aktinomyzine schieben sich in die Doppelhelix der DNS[2]) ein und blockieren somit die Bildung von RNS auch bei menschlichen Zellen. Aktinomyzine können deshalb auch als Zytostatika eingesetzt werden. Rifamyzine und ihre Derivate blockieren die DNS-abhängige RNS-Polymerase der Bakterien. Somit wird es möglich, die Nukleotidsequenz der DNS in die Nukleotidsequenz der mRNS zu übertragen. Diese Antibiotika unterbrechen also den als Transkription bezeichneten Vorgang.

Zusammenfassend kann gesagt werden, daß die Wirksamkeit der Antibiotika entweder auf einer Hemmung der Bakterienzellwandsynthese, einer Schädigung der Zytoplasmenmembran oder einer Störung des Stoffwechsels beruht. Diese Kenntnisse sind bei der thera-

---

[1]) mRNS = messenger RNS = „Botschafter" Ribonukleinsäure, Ribonukleinsäure, die als Matrize zur Proteinsynthese dient.

[2]) DNS = Desoxyribonukleinsäure.

peutischen Anwendung von Antibiotika-Kombinationen zu beachten, auf die allerdings nicht eingegangen werden kann. Ergänzend ist zu bemerken, daß der Wirkungsmechanismus vieler Antibiotika bis zum heutigen Tage noch nicht endgültig aufgeklärt ist.

3. Pharmakokinetik

Die Pharmakokinetik untersucht die Vorgänge, die im menschlichen oder tierischen Organismus zwischen Applikation und Ausscheidung eines Arzneimittels ablaufen. Dazu gehören solche wichtigen Parameter wie Resorption, Verteilung im Organismus, Blutspiegelverlauf, Gewebediffusion, Eiweißbindung, Kumulation, Metabolisierung und Ausscheidung. Von der Kenntnis der Pharmakokinetik hängt in hohem Maße der Erfolg der antibakteriellen Therapie ab. Der Infektionsherd muß von wirksamen Konzentrationen des Antibiotikums in aktiver Form erreicht werden und über einen genügend langen Zeitraum erhalten bleiben.

Resorptionsrate und -geschwindigkeit sind sowohl bei der oralen als auch parenteralen Applikation von Bedeutung. Sie beeinflussen den Blutspiegelverlauf und sind bei den einzelnen Antibiotika unterschiedlich. Höhe und Dauer der Blutspiegel sind für die Wirkung von entscheidender Bedeutung und u. a. auch von der galenischen Verarbeitung des jeweiligen Antibiotikums abhängig.

Bei solchen Antibiotika, die vorwiegend eine bakteriostatische, d. h. die Vermehrung der Erreger hemmende Wirkung besitzen, kommt es auf möglichst gleichbleibende Spiegel an, die die minimale Hemmkonzentration (*MHK*) der Erreger erreichen oder besser diese überschreiten. Auch bei bakterizid wirkenden, d. h. die Erreger abtötenden Antibiotika sind Höhe und Dauer der Blutspiegel von großer Bedeutung.

Für die Wirkung der Antibiotika muß ferner die Serumeiweißbindung beachtet werden, da nur der freie, ungebundene Anteil des Antibiotikums antibakteriell wirksam werden kann. Die klinische Bedeutung der Eiweißbindung ist bis zum gegenwärtigen Zeitpunkt noch nicht völlig geklärt.

Weiterhin spielt in der Therapie die Gewebediffusion der Antibiotika eine große Rolle, da erst das Eintreffen der Antibiotika am erkrankten Organ zum gewünschten Erfolg führen kann. Es gibt Antibiotika mit einem hohen Diffusionsvermögen, aber auch solche, deren Gewebegängigkeit sehr gering ist. In diesem Zusammenhang muß weiter berücksichtigt werden, daß im erkrankten Organismus die Gewebediffusion von dem des gesunden mitunter erheblich abweichen kann. In einigen Fällen wird eine Speicherung der Antibiotika im Gewebe beschrieben (Tetrazykline werden auf Grund ihrer Eigenschaft, Chelate zu bilden, an das Kalzium der Knochen und Zähne gebunden).

Alle Antibiotika werden ebenso wie andere Arzneimittel in unterschiedlichem Ausmaß und in voneinander stark abweichender Zeit metabolisiert. In den meisten Fällen sind die entstehenden Abbauprodukte antibakteriell nicht wirksam. Im Zusammenhang mit der metabolisch bedingten Inaktivierung können stärker toxische oder auch völlig entgiftete Stoffe entstehen. Die Ausscheidung der meisten Antibiotika erfolgt durch die Nieren. Wenige Antibiotika, wie z. B. Rifampizin, werden durch die Galle und den Kot eliminiert. Die Geschwindigkeit der Elimination wird durch die Halbwertszeit des jeweiligen Antibiotikums im Blut angegeben. Die Halbwertszeit ist die Zeit, in der die Konzentration des Antibiotikums nach Einstellung des Diffusionsgleichgewichts auf die Hälfte der ursprünglichen Konzentration abgesunken ist.

4. Grundlagen der Antibiotikatherapie

Beim Einsatz von Antibiotika in der Therapie sind vom Arzt einige allgemeingültige Aspekte zu beachten, die in den folgenden Abschnitten zusammengestellt sind. Dazu gehören u. a. Kenntnisse über das Wirkungsspektrum, die Resistenz und Persistenz, den Hospitalismus und die Nebenwirkungen der Antibiotika.

4.1. Wirkungsspektrum

Als Wirkungsspektrum wird die antimikrobielle Wirkungsbreite des entsprechenden Antibiotikums gegen verschiedene Erreger bezeichnet. Es gibt eine grobe Übersicht, welche Keimarten beeinflußt werden. Da die Resistenzlage (siehe Abschn. 4.2.) einzelner Keime bzw. Stämme beträchtlich variieren kann, ist der positive Aussagewert des Wirkungsspektrums begrenzt. Wichtiger ist die negative Information, d. h. welches Antibiotikum bei welchem Erreger auf Grund dessen natürlicher Resistenz mit Sicherheit keine Wirkung zeigt. Das exakte Vorgehen beim Aufstellen einer klinischen und bakteriologischen Diagnose, auf deren Grundlage die Wahl des richtigen Antibiotikums zu erfolgen hat, kann einschlägigen Fachbüchern entnommen werden. Wenn bei bestimmten Infektionskrankheiten mehrere Erreger in Betracht kommen, ist ein Antibiogramm erforderlich. Erst nach dessen Auswertung ist eine Entscheidung möglich. Falls aus bestimmten Gründen keine bakteriologische Kontrolle durchgeführt werden kann, wird in der Regel die Behandlung auf der Grundlage des wahrscheinlichsten Erregers durchgeführt bzw. begonnen. In Notfallsituationen wird der Arzt zu einem Breitspektrumantibiotikum greifen.

4.2. Resistenz und Persistenz

Krankheitserreger sind dann resistent, wenn sie den Effekt eines Antibiotikums mit Hilfe unterschiedlicher Möglichkeiten zunichte machen und sich trotz einer am Wirkungsort vorhandenen normalerweise zur Abtötung der Erreger ausreichenden Konzentration noch vermehren.

Es wird zwischen einer natürlichen (primären) und einer erworbenen (sekundären) Resistenz unterschieden. Wenn alle Stämme einer Erregerspezies gegenüber einem Antibiotikum resistent sind, handelt es sich um eine primäre Resistenz. Erwirbt ein Mikroorganismus, der zunächst gegenüber dem entsprechenden Antibiotikum empfindlich war, Resistenzeigenschaften, so ist es eine sekundäre Resistenz.

Über eine primäre Resistenz verfügen Erregerarten, wenn sie eine genetisch fixierte, arteigene Unempfindlichkeit gegenüber einem Antibiotikum oder einer ganzen Gruppe aufweisen. Im letzteren Fall wird auch von einer Parallelresistenz (früher als Kreuzresistenz bezeichnet) gesprochen. Eine Parallelresistenz entwickelt sich gegenüber Substanzen, die in der Regel untereinander chemisch sehr ähnlich sind oder einen gleichen Wirkungsmechanismus haben.

Die sekundäre, chromosomal abhängige Resistenz ist eine nicht vermeidbare biologische Erscheinung, die den lebenden Organismen gestattet, sich durch Verlust oder Erwerb von Eigenschaften bestimmten Angriffen von außen anzupassen.

Es sind Resistenzen bekannt, die bereits nach ein- bis zweimaligem Kontakt mit dem einwirkenden Antibiotikum auftreten (Einschrittmuster oder one-step-mutation, wie z. B. beim Streptomyzin), oder die Resistenzentwicklung erfolgt langsam und stufenweise (Vielschrittmuster bzw. multi-step-mutation, wie z. B. beim Penizillin).

Die infektiöse Resistenz wurde zum größten Problem

in der Antibiotika-Therapie. Anläßlich einer Ruhrepidemie in Japan konnte diese Erscheinung entdeckt und seit dieser Zeit in der ganzen Welt nachgewiesen werden. Sie besteht in einer Übertragung extrachromosomal lokalisierter Resistenzgene auf ursprünglich empfindliche Keime, die somit dem Antibiotikaeinfluß entzogen sind. Der Verbrauch von Antibiotika in der Landwirtschaft als Medizinalfuttermittel oder zu wachstumsfördernden Zwecken hat zu einem hohen Selektionsdruck zugunsten dieser R-Faktoren geführt. Als R-Faktoren werden die außerhalb und unabhängig vom Chromosom im Zytoplasma der Bakterienzelle lokalisierten Gene bezeichnet, die die Antibiotika-Resistenz kodieren. Besonders die häufig auftretenden Staphylokokken und spezielle gramnegative Erreger sind von diesem Gen-Transfer betroffen.

Unter Persistenz wird die Eigenschaft von Krankheitserregern verstanden, die sich der Wirkung von Antibiotika entziehen, ohne resistent zu werden. Die in der Praxis bedeutendste Art ist die Entstehung von Bakterienvarianten (Protoplasten, Sphäroplasten, L-Formen) unter dem Einfluß von zellwandwirksamen Antibiotika (Penizillinen, Zephalosporinen). Nach völligem Verlust der Zellwand können die Erreger im hypertonen Milieu nicht mehr von einem Antibiotikum angegriffen werden. Sie überleben in dieser Form, können nach Absetzen des Antibiotikums zu ihren Mutterzellen revertieren und einen Wiederausbruch des Krankheitsprozesses einleiten.

Unter Berücksichtigung der vorstehenden Aspekte über Resistenz und Persistenz ist es notwendig, vor einer beabsichtigten Antibiotikatherapie exakte Resistenzbestimmungen mit Hilfe eines Antibiogramms durchzuführen. Leider ist es bis heute nicht gelungen, einheitliche Richtlinien für die Standardisierung solcher Testmethoden in Kraft zu setzen.

Um eine weitere Entwicklung der Resistenzerscheinungen zu verzögern bzw. einzudämmen, sind weltweit Bestrebungen eingeleitet worden, um eine strikte Trennung des Antibiotikaeinsatzes in der Humanmedizin, Veterinärmedizin und als Ergotropika zu gewährleisten. In einigen Ländern bestehen bereits Verbote für die Anwendung von Antibiotika als Futterzusatzstoffe, wenn die gleichen Verbindungen zur Anwendung als Arzneimittel vorgesehen sind. Das betrifft beispielsweise das bekannte Arzneimittel und Ergotropikum Oxytetrazyklin.

4.3. Hospitalismus

In Krankenhäusern, Kliniken und anderen großen Einrichtungen besteht durch häufigen Antibiotikaeinsatz ein Selektionsdruck zugunsten der resistenten Erreger. Diese Erscheinung, die durch Überwuchern resistenter Keime zustande kommt, z. B. nach Störung des biologischen Gleichgewichts in der physiologischen Darmflora, wird unter dem Begriff Hospitalismus zusammengefaßt.

Zunächst waren die penizillinasebildenden Staphylokokken-Stämme dafür verantwortlich. Mit zunehmendem Einsatz der penizillasefesten Penizilline haben sie an Bedeutung verloren.

Gegenwärtig gewinnt der gramnegative Erreger *Pseudomonas aeruginosa* an Bedeutung. Dieser Erreger kann sich im geschwächten Organismus, z. B. nach großen chirurgischen Eingriffen oder allgemein geschwächter Abwehrlage des Patienten durchsetzen. Gegen viele Antibiotika ist dieser Keim primär und gegen einige sekundär resistent. Das Mittel der Wahl scheinen hier gegenwärtig Aminoglykosidantibiotika zu sein, da gegenüber Karbenizillin, das mit gutem Erfolg eingesetzt wurde, bereits Resistenzerscheinungen bemerkt worden sind.

4.4. Nebenwirkungen

Jede antibiotische Therapie ist ein Kompromiß zwischen dem erhofften Behandlungseffekt und dem Risiko möglicher Nebenwirkungen. Dieser Sachverhalt ist aber generell jeder medikamentösen Therapie eigen und nicht nur bei einem Einsatz von Antibiotika zu erwarten.

Beispielsweise kann ein längerer Einsatz von Chloramphenikol zu aplastischen Anämien führen. Gering toxisch sind die Penizilline, potentiell toxisch dagegen Streptomyzin, die Polymyxine u. a., die bei Überdosierung oder längerem Einsatz reversible und irreversible Schäden hervorrufen können. Eine Störung der Leberfunktion, Ausscheidungsstörungen bei Herz- oder Niereninsuffizienz führen mitunter zu einer Kumulierung des Antibiotikums im Körper und somit zu Schädigungen.

Die Erscheinung der Allergisierung ist im Prinzip allen Antibiotika eigen. Besonders beim Einsatz von Penizillinen, Streptomyzin und Zephalosporinen empfehlen sich entsprechende anamnestische Erhebungen oder Vortestungen, um Allergisierungen zu vermeiden.

In wechselndem Ausmaß wird der Magen-Darm-Trakt durch Antibiotika-Nebenwirkungen belastet. Übelkeit und Erbrechen sowie Änderungen der Stuhlkonsistenz werden beobachtet.

Klinisch bedeutungsvoll sind Wechselwirkungen der Antibiotika mit den Ausscheidungsmechanismen der Niere. In hohem Maße nephrotoxisch sind die Aminoglykosidantibiotika, in geringerem Maße die Zephalosporine und Tetrazykline. Bei den schon länger eingeführten Aminoglykosiden, wie Streptomyzin, Kanamyzin und Neomyzin, können erhebliche neurotoxische Schädigungen, insbesondere des *Nervus statoacusticus*, auftreten. Klinischen Berichten zufolge sind diese Erscheinungen bei den neueren Aminoglykosidantibiotika wie Tobramyzin und Sisomizin geringer ausgeprägt.

Von klinischem Interesse sind auch Interferenzen von Antibiotika mit anderen Arzneimitteln, die möglicherweise über Enzyminduktionen zustande kommen. So können z. B. die Aminoglykosidantibiotika die Wirkung von Narkotika und Muskelrelaxantien potenzieren und verlängern. Antikoagulantien und Kontrazeptiva können bei gleichzeitiger Einnahme von Rifampizin in ihrer Wirkung beeinträchtigt werden.

Ein sinnvoller Einsatz des richtigen Antibiotikums

unter Beachtung der richtigen Dosierung und der richtigen Dosierungsintervalle setzen die Nebenwirkungsrate weitgehend herab.

5. Grundprinzipien der Antibiotikaherstellung

Die Herstellungsverfahren der Antibiotika beruhen auf biologischen und chemischen Grundlagen. In der Regel wird mit Hilfe eines Fermentationsprozesses das gewünschte Antibiotikum in der Kulturlösung gebildet, aus der es anschließend mit Hilfe einer

- Extraktion
- Adsorption
- Ausfällung

isoliert und gereinigt wird. In speziellen Fällen dient das auf fermentativem Wege gewonnene Antibiotikum als Ausgangsmaterial für die Herstellung der halbsynthetischen Antibiotika.

5.1. Der Fermentationsprozeß

Auf dem Gebiet der Herstellung von Antibiotika beginnen die Forschungsarbeiten mit der Suche nach geeigneten Stämmen spezieller Mikroorganismen, die geeignet sind, bei saprophytischer Kultivierung antibiotisch wirkende Substanzen zu bilden. Saprophyten benötigen für ihr Wachstum energiereiche Nahrung. Sie sind nicht in der Lage, Kohlenhydrate unter Einwirkung von Sonnenenergie aus Kohlendioxid und Wasser aufzubauen, wie es die grünen Pflanzen vermögen.

Die in Frage kommenden Keime werden aus Boden-, Luft- oder Wasserproben isoliert, auf geeigneten Nährböden gezüchtet und auf Platten, die mit Testkeimen besät sind, getestet. Antibiotikabildner geben sich durch einen Hemmkreis zu erkennen, der nach Bebrütung der Platte entsteht. Es gehört eine Vielzahl zeitaufwendiger Arbeiten dazu, um beispielsweise aus Erdproben isolierte

Mikroorganismen so zu selektieren, daß auf der Grundlage weiterer Entwicklungsarbeiten schließlich für die Produktion geeignete Stämme kultiviert werden können. Es wird im folgenden vorausgesetzt, daß der für die Antibiotikaherstellung einzusetzende Produktionsstamm im mikrobiologischen Laboratorium auf höchster Leistungsfähigkeit erhalten wurde und als Impfmaterial für die Vermehrungsstufen zur Verfügung steht.

Lyophilkulturen von Antibiotikabildnern (1) werden zunächst auf Schrägagar (2) überimpft und dort vermehrt. Zur Gewinnung größerer Mengen Impfmaterial erfolgt die nächste Vermehrungsstufe in Schüttelkolben (3), in denen den Stämmen günstige Sporulationsbedingungen geboten werden. Ausgehend von diesen Schüttelkulturen wird unter sterilen Bedingungen in die nächst größere Vorzuchteinheit überimpft. Diese besitzt gegenüber der zuvor angezogenen Kultur ein etwa zehnfaches Volumen. In der Regel ist dies bereits der Impftank (V). Unter Beachtung der jeweils günstigsten Maßstabsvergrößerung wird schließlich der Produktionsfermenter (P), der ein Volumen von 60 bis 100 m³ besitzen kann, erreicht. Abbildung 5 zeigt schematisch den beschriebenen Prozeß.

Wichtige Voraussetzungen für eine optimale Führung des Produktionsprozesses sind

- die richtige Nährlösung, bestehend aus
  der Kohlenstoffquelle
  der Stickstoffquelle
  der Mineralstoffquelle
  den Precursoren (nicht in allen Fällen)
- die richtige Belüftung (x m³ Luft/m³ Kulturlösung)
- die richtige Prozeßführung — beginnend mit der Sterilisation der Nährlösung und endend mit dem günstigsten Abbau- bzw. Erntetermin.

Als Kohlenstoffquellen werden verschiedene Zucker (Saccharose, Glukose, Laktose), Stärke, tierische und pflanzliche Fette und Öle (Schweineschmalz, Erdnußöl) eingesetzt. Stickstoffquellen sind u. a. Maisquellwasser,

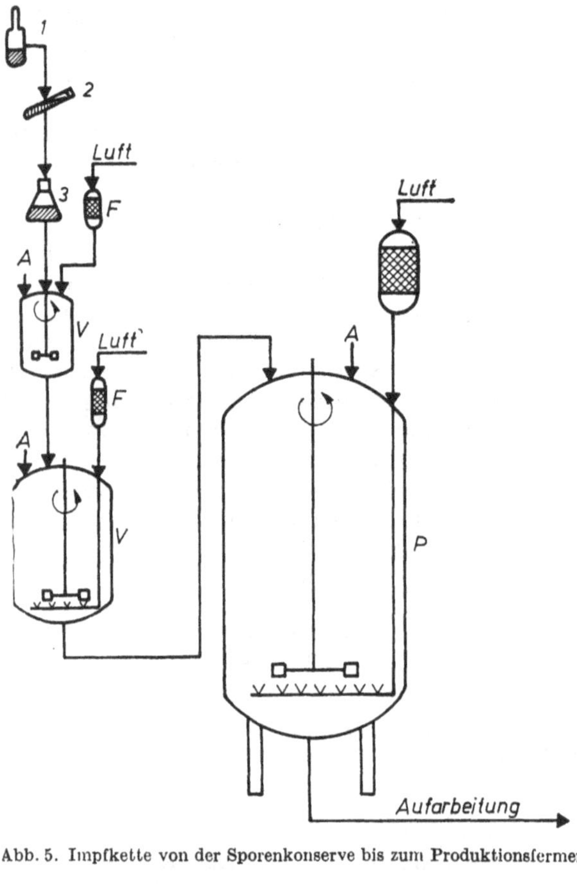

Abb. 5. Impfkette von der Sporenkonserve bis zum Produktionsfermenter

Hefen, Sojamehl sowie Ammoniumsalze. Ebenso wie die Kohlenstoff- und Stickstoffquellen dem jeweiligen Mikroorganismus in vielen Reihenversuchen angepaßt werden müssen, ist auch die Wahl der Mineralstoffe abgestimmt. Es kommen u. a. Natrium-, Kalium-, Eisen-, Kalzium-, Kupfer-, Zink- und Kobaltsalze (Phosphate oder Sulfate) zum Einsatz. In einigen Fällen wird dem Kulturmedium ein Precursor zugesetzt. Darunter ist eine chemische Verbindung zu verstehen, deren Struktur im angestrebten Antibiotikum teilweise enthalten ist, und die als Baustein während des Fermentationsprozesses in das Antibiotikum eingebaut werden kann. Beim Benzylpenizillin (Penizillin G) wird als Precursor Phenylessigsäure verwendet, die die Benzylgruppe enthält.

Im submersen Fermentationsprozeß ist für das Wachstum der aeroben Mikroorganismen eine gute Belüftung eine wichtige Voraussetzung. Der während des Prozesses verbrauchte Sauerstoff muß laufend wieder zugeführt werden. Dazu wurden in den zurückliegenden Jahren unterschiedliche verfahrenstechnische Lösungen erarbeitet, deren Prinzip darin besteht, durch innige Durchmischung der Nährlösung mit Luft den Luftstrom in fein verteilter Form einzutragen und durch Rühren der Kulturlösung eine weitere Vergrößerung der Oberfläche zu erreichen. Auf diese Weise wird ein hoher Effekt der Belüftung erreicht. Abbildung 6 zeigt einen Schnitt durch einen gebräuchlichen Großfermenter.

Für die Prozeßführung ist neben dem Sauerstoffeintrag die richtige Bebrütungstemperatur (bei Pilzen in der Regel +24 °C, bei Bakterien +37 °C) und der pH-Wert des Mediums von ausschlaggebender Bedeutung. Die ständige Kontrolle des pH-Wertes gibt Aufschluß über den Verlauf der Fermentation. Er wird gegebenenfalls durch bestimmte Zusätze wie Kalziumkarbonat oder Ammoniumsulfat korrigiert.

Bei nahezu allen Fermentationsprozessen kommt es durch die vielfältigen ab- und aufbauenden Reaktionen zu einer intensiven Schaumbildung, die durch Zugabe pflanzlicher oder tierischer Öle sowie solcher auf Silikonbasis bekämpft werden muß. Diese Zusätze können unter ungünstigen Umständen die Aufarbeitung der Kulturlösung erschweren.

Der Fermentationsprozeß wird dann beendet, wenn die ständig durchgeführte Verlaufskontrolle ergibt, daß die

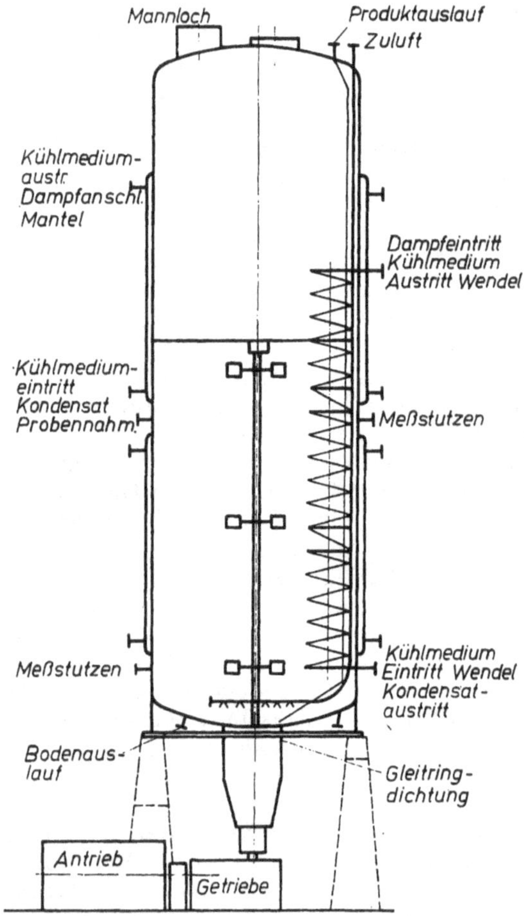

Abb. 6. Schnitt durch einen Großfermenter

Antibiotikabildung ihr Maximum erreicht hat (Abb. 7). Die Kulturlösung wird nunmehr der chemischen Aufarbeitung zum Zwecke der Isolierung des Antibiotikums zugeführt.

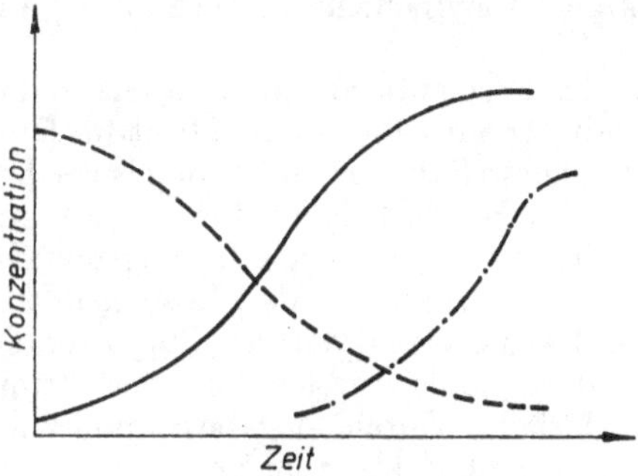

Abb. 7. Verlauf der Bildung eines Antibiotikums auf fermentativem Wege:
– – – Konzentration der C-Quelle im Nährmedium
——— Wachstum der Zellen
–·–·– Konzentration des Antibiotikums

5.2. Die chemische Aufarbeitung

Die chemische Aufarbeitung der Kulturlösungen wird bestimmt durch die Eigenschaften des jeweiligen Antibiotikums. Es sind folgende Methoden möglich:

Extraktion
Adsorption
Fällung.

Die Extraktion mit Hilfe organischer Lösungsmittel, die mit Wasser nicht mischbar sind (Flüssig-Flüssig-Extraktion), wird dann angewandt, wenn das zu isolierende Antibiotikum im organischen Lösungsmittel besser als in Wasser löslich ist. Bei der Anwendung des Extraktionsverfahrens muß in den meisten Fällen vor Beginn der Extraktion das Mycel abgetrennt werden. Das Kulturfiltrat wird zur nahezu vollständigen Isolierung mehrfach extrahiert. Hierzu kommen Mehrstufenextraktoren zum Einsatz. Das für die Extraktion verwendete Lösungsmittel kann zum überwiegenden Teil durch Destillation zurückgewonnen und wieder eingesetzt werden.

Als Beispiel für diese Aufarbeitungsmethode kann das wichtige Antibiotikum Benzylpenizillin (Penizillin G) angeführt werden:

Nach Beendigung des Fermentationsprozesses kann das Mycel als Feststoff abgetrennt. Penicillin G liegt im Kulturfiltrat als wasserlösliches Salz vor und kann als solches nicht extrahiert werden. Es wird daher durch Ansäuern auf pH 2 in die freie, mit organischen Lösungsmitteln extrahierbare Säure überführt. Als Lösungsmittel dient in der Regel Essigsäurebutylester (Butylazetat). Dieser Prozeß wird zur weiteren Anreicherung und Reinigung mehrfach wiederholt. Durch Zugabe organischer Basen wird das Rohpenizillin als Salz der jeweils zugesetzten Base ausgefällt. Es kann in dieser Form weiterverarbeitet werden.

Adsorptionsverfahren werden dann angewandt, wenn die zu isolierenden Antibiotika saure oder basische Gruppen besitzen und mit Hilfe von Ionenaustauschern aus dem Kulturfiltrat zu isolieren sind. Nach dem Ionenaustauschverfahren werden z. B. Streptomyzin und Neomyzin gewonnen. Da es sich bei diesen beiden Antibiotika um Basen handelt, werden für die Isolierung Kationenaustauscher eingesetzt, an denen die Streptomyzin- bzw. Neomyzinbase adsorbiert wird. Das durchlaufende Filtrat enthält kein Antibiotikum mehr und wird verworfen. Das jeweilige Antibiotikum wird mit Hilfe wäßriger Säuren als Salz vom Austauscher gelöst und aus dem Eluat isoliert. Die Austauschersäule ist dann wieder mit Kationen beladen und steht weiteren Aufarbeitungen zur Verfügung.

Bilden Antibiotika mit Fällungsmitteln in Wasser schwerlösliche Niederschläge, so können zur Isolierung dieser Antibiotika Fällungsverfahren eingesetzt werden. Beispielsweise bildet Oxytetrazyklin mit quartären Ammoniumbasen in Wasser schwerlösliche Verbindungen. Durch Ansäuern dieses Niederschlags entsteht das entsprechende Oxytetrazyklinsalz, das gereinigt und schließlich weiterverarbeitet werden kann.

5.3. Die chemische Umwandlung

Einige der auf mikrobiologischem Wege hergestellten Antibiotika werden, obwohl sie selbst bereits eine antibiotische Wirksamkeit besitzen, mit Hilfe chemischer Umwandlungen in Substanzen überführt, die sich hinsichtlich ihrer Wirkungsqualität von den eingesetzten Verbindungen unterscheiden. Durch chemische Reaktionen an der Peripherie des jeweiligen Moleküls wird beispielsweise eine Veränderung der Säurestabilität, der Wirkungsintensität oder der pharmakokinetischen Eigenschaften angestrebt.

Typische Vertreter sind die halbsynthetischen Penizilline und Zephalosporine (Derivate der 6-Aminopenizillansäure bzw. der 7-Aminozephalosporansäure). Aber auch andere Antibiotika werden aus fermentativ hergestellten Ausgangsmaterialien synthetisiert, wie z. B. Rifampizin aus bestimmten Rifamyzinen oder Klindamyzin aus Linkomyzin.

In den folgenden Abschnitten sollen je ein Synthesebeispiel aus der Reihe der halbsynthetischen Penizilline Ampizillin aus Penizillin G und der Zephalosporine (1. Zephalexin durch Ringerweiterung des Penizillin G und 2. Zephazolin aus Zephalosporin C) vorgestellt werden und die Synthese von Rifampizin aus einem Rifamyzin.

5.3.1. Herstellung der halbsynthetischen Penizilline aus Benzylpenizillin (Penizillin G)

Die halbsynthetischen Penizilline werden aus dem biosynthetisch zugänglichen Penizillin G oder gegebenenfalls auch aus Penizillin V (Phenoxymethylpenizillin) gewonnen.

In der ersten Reaktionsstufe erfolgt entweder auf chemischem oder biologischem Wege eine hydrolytische Spaltung des eingesetzten Penizillins zur 6-Aminopenizillansäure (6-APS), die anschließend mit der jeweils gewünschten Azylierungskomponente — im Falle des Ampizillins ist es D(—)-Phenylglyzin — umgesetzt wird.

Ursprünglich (1959) bot die Fermentation die einzige Möglichkeit, um vom Penizillin G oder V zur 6-Aminopenizillansäure zu gelangen. Diese auf biosynthetischem Wege hergestellte 6-APS war das erste Ausgangsmaterial für die Herstellung einer Vielzahl neuer halbsynthetischer Penizilline. Erst 1967 gelang es, eine praktisch anwendbare chemische Methode zur hydrolytischen Spaltung des Penizillins einzuführen. Bei diesem Verfahren wird die 3-Karboxylgruppe des Penizillin G oder V mit Hilfe von Trimethylchlorsilan oder Dimethyldichlorsilan in Gegenwart von Pyridin oder Triäthylamin geschützt. Die sich anschließende Abspaltung des Azylrestes erfolgt durch Zugabe von Phosphorpentachlorid bei tiefen Temperaturen (—50 °C) und nachfolgender Alkoholyse. Die Ausbeute wird mit 85 bis 95% angegeben (Abb. 8).

Durch Azylierung der 6-APS entstehen die halbsynthetischen Penizillinderivate, von denen ein großer Teil in der Therapie erfolgreich eingesetzt wird (Abb. 9).

Als Beispiel für die Herstellung eines halbsynthetischen Penizillins soll die Synthese des Ampizillins (α-Aminobenzylpenizillin) dienen. Hierbei wird 6-Aminopenizillansäure mit D(—)-Phenylglyzin azyliert. Voraussetzung für ein Gelingen dieser Reaktion ist der Schutz der Aminogruppe des D(—)-Phenylglyzins. Eine Möglichkeit dazu bietet die Umsetzung mit Azetessigester. Das dabei entstehende Reaktionsprodukt wird mit Chlorameisensäureäthylester in Gegenwart von Triäthylamin in ein gemischtes Anhydrid überführt, das sofort mit dem Triäthylaminsalz der 6-APS weiter umgesetzt werden muß. Anschließend kann die Schutzgruppe relativ leicht wieder entfernt werden (Abb. 10).

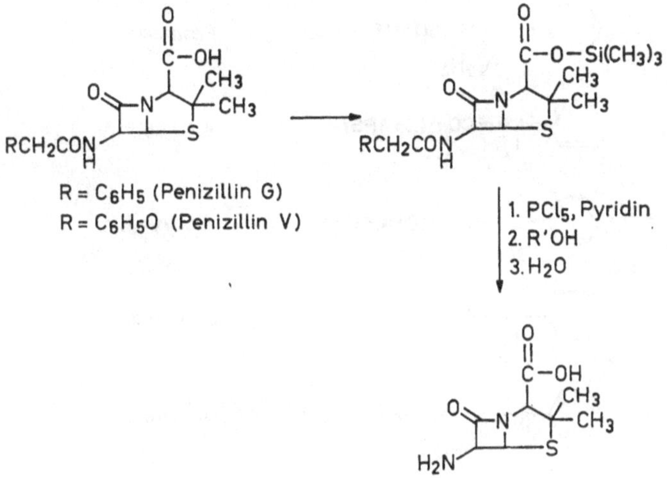

Abb. 8. Synthese von 6-Aminopenizillansäure aus biosynthetischen Rohstoffen

5.3.2. *Herstellung der Zephalosporinderivate*

Zephalosporine sind entweder durch chemische Umwandlung des auf fermentativem Wege zugänglichen Zephalosporin C oder durch Ringerweiterung spezieller Penizilline herzustellen.

Zephalosporin C (Abb. 11) wurde 1955 von Newton und Abraham aus Kulturen von *Cephalosporium acremonium* isoliert. Es hat selbst nur eine relativ geringe antimikrobielle Aktivität und dient als Ausgangsmaterial für die Herstellung halbsynthetischer Zephalosporine. In der Regel führt der Syntheseweg über die 7-Aminozephalosporansäure (7-ACS) als Zwischenprodukt (Abb. 11), die gegenwärtig nur auf chemischem Wege aus Zephalosporin C zugänglich ist. Die ebenfalls untersuchten mikrobiologischen Abbaureaktionen haben bisher zu keinen technisch anwendbaren Ergebnissen geführt.

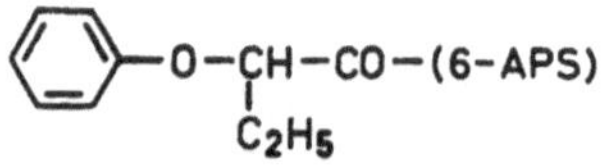

Propizillin

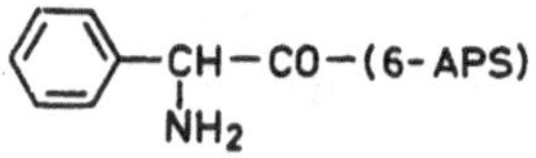

Ampizillin

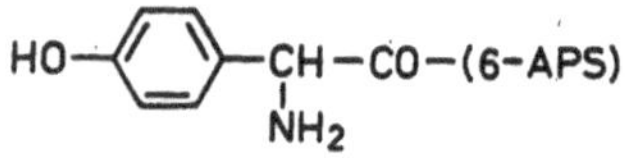

Amoxyzillin

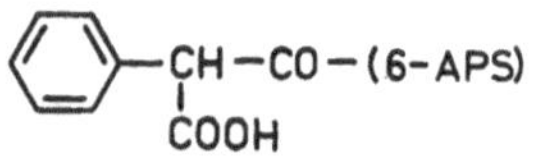

Karbenizillin

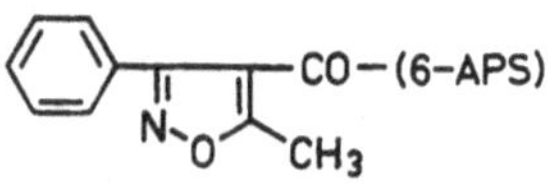

Oxazillin

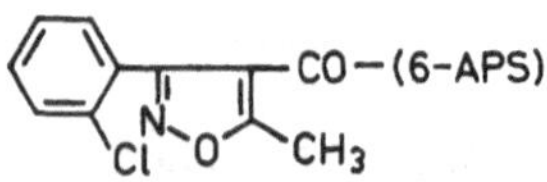

Kloxazillin

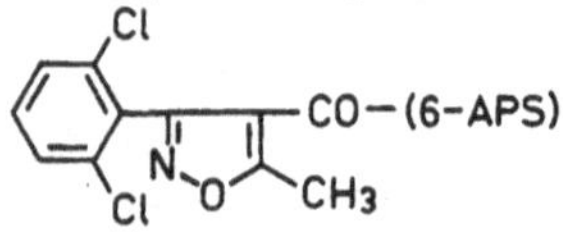

Dikloxazillin

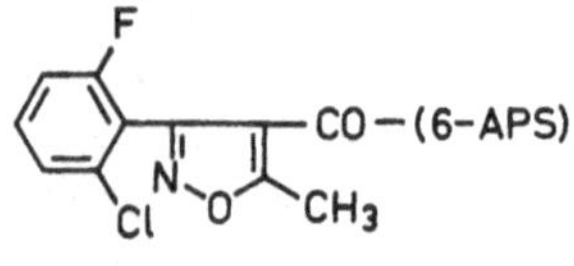

Flukloxazillin

Abb. 9. In die Praxis eingeführte halbsynthetische Penizilline

5.3.2.1. Herstellung von Zephazolin aus Zephalosporin C

Die Herstellung von Zephazolin aus Zephalosporin C verläuft in der Regel über 7-Aminozephalosporansäure, die auch für andere Zephalosporinderivate ein wichtiges Zwischenprodukt darstellt.

Beim Abbau des Zephalosporin C muß zunächst die Aminogruppe der 7ständigen Seitenkette durch Azylie-

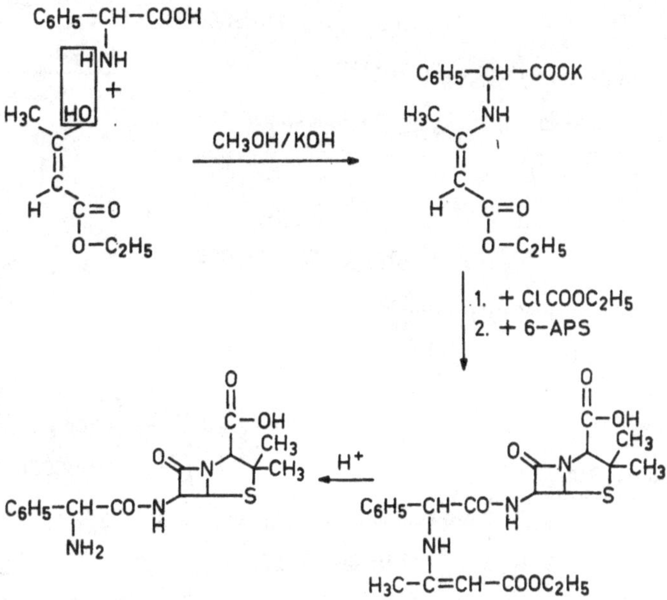

Abb. 10. Syntheseschema für die Herstellung von Ampizillin aus 6-APS

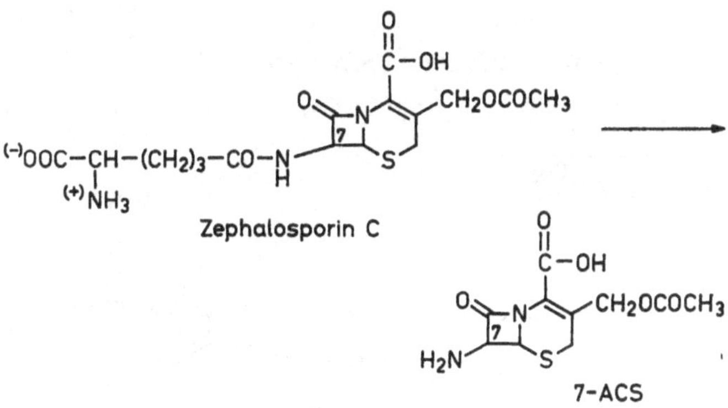

Abb. 11. Zephalosporin C und 7-ACS

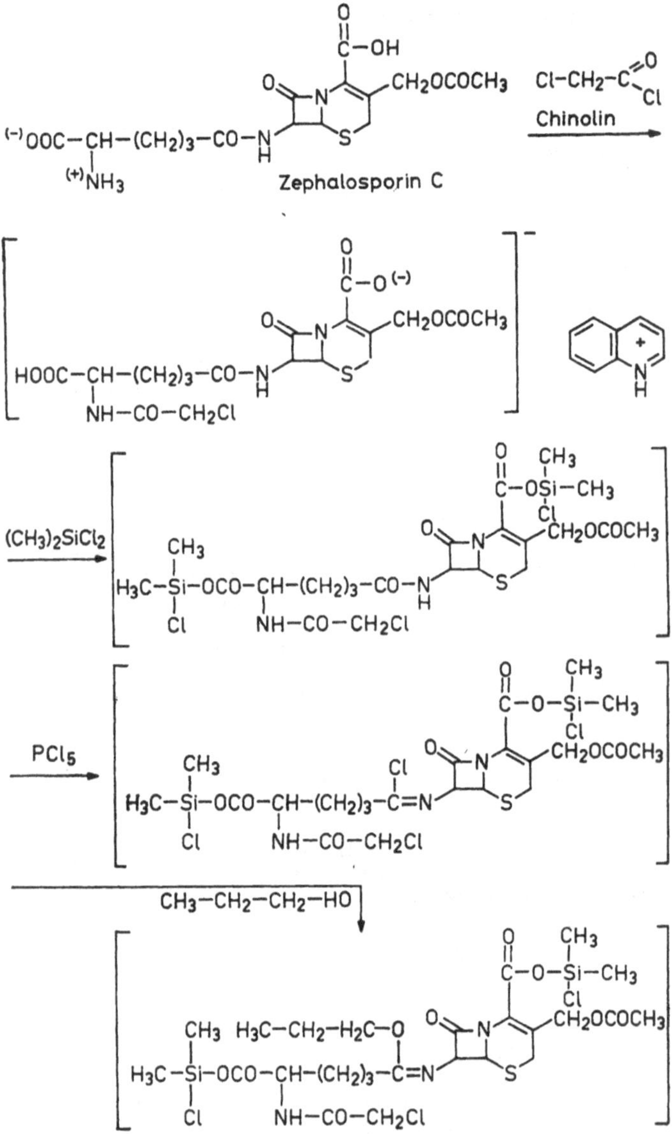

Cl–CH2–C(=O)Cl
Chinolin
Zephalosporin C
(CH3)2SiCl2
PCl5
CH3–CH2–CH2–HO

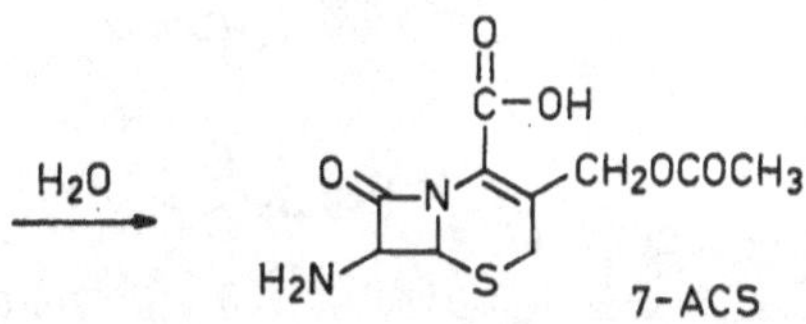

Abb. 12. Beispiel für die Synthese von 7-ACS aus Zephalosporin C

rung geschützt werden (Abb. 12). Bei der im folgenden beschriebenen Methode wird das Zephalosporin C aus der Fermentationslösung als N-Chlorazetylderivat in Form des Chinolinsalzes isoliert. Nach Silylierung mit Dimethyldichlorsilan zum Schutz der Karboxylgruppen erfolgt die Spaltung mit Phosphorpentachlorid zur 7-ACS. Durch Umsetzung der 3-Azylgruppe der 7-ACS mit 2-Merkapto-5-methyl-1,3,4-thiadiazol und der 7-Aminogruppe mit Tetrazolylessigsäure entsteht schließlich Zephazolin (Abb. 13).

5.3.2.2. Herstellung von Zephalexin aus Penizillin G

Die zweite Möglichkeit zur Synthese von Zephalosporinderivaten besteht in der Ringerweiterung der Penizilline, die bei der Herstellung des Zephalexins bereits technisch gelöst ist und angewendet wird. Der Syntheseweg kann der Abb. 14 entnommen werden.

Zunächst erfolgt zum Schutz der Karboxylgruppe des Penizillins eine Umsetzung mit Trichloräthylformiat. Zur Ringerweiterung hat sich die Methode der Sulfoxydation und einem sich anschließenden Erhitzen des Sulfoxids bewährt. Die Abspaltung des 7ständigen N-Azylrestes erfolgt ähnlich dem Zephalosporin-C-Abbau mit Hilfe von Phosphorpentachlorid. Die sich anschließende Azylierung mit D(—)-Phenylglyzin verläuft ähnlich der oben beschriebenen Ampizillin-Synthese.

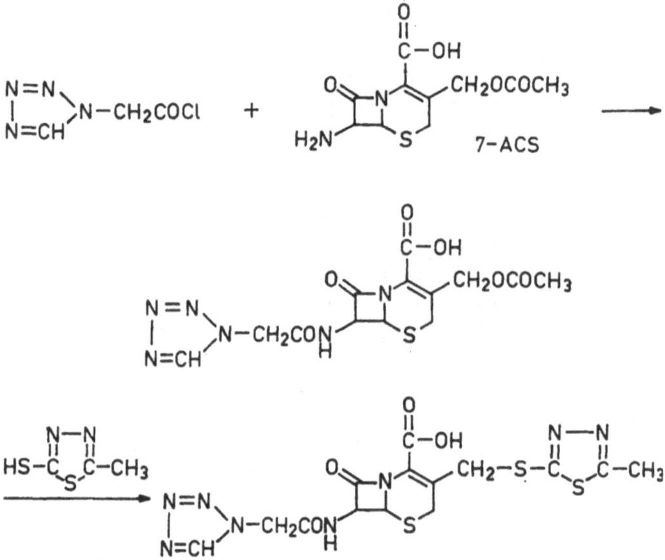

Abb. 13. Synthese von Zephalozin aus 7-ACS

5.3.3. Herstellung von Rifampizin aus einem Rifamyzin

Als Beispiel für die chemische Umwandlung eines auf fermentativem Wege hergestellten Antibiotikums, das weder den Penizillinen noch den Zephalosporinen zugeordnet werden kann, soll die Synthese des Rifampizins aus Rifamyzin S (Abb. 15) dienen. Rifamyzin S wurde ebenfalls in der Therapie eingesetzt. Bei seiner chemischen Umwandlung gelang u. a. die Synthese des Rifampizins, das gegenüber dem Rifamyzin S einen wesentlich höheren Gebrauchswert besitzt.

Zunächst wird Rifamyzin S mit einem sekundären Amin (z. B. Diäthylamin) in Gegenwart von Formaldehyd kondensiert (MANNICH-Kondensation) und anschließend mit Askorbinsäure reduziert. Dabei entsteht ein Derivat des Rifamyzin SV. Durch Oxydation mit Mangandioxid

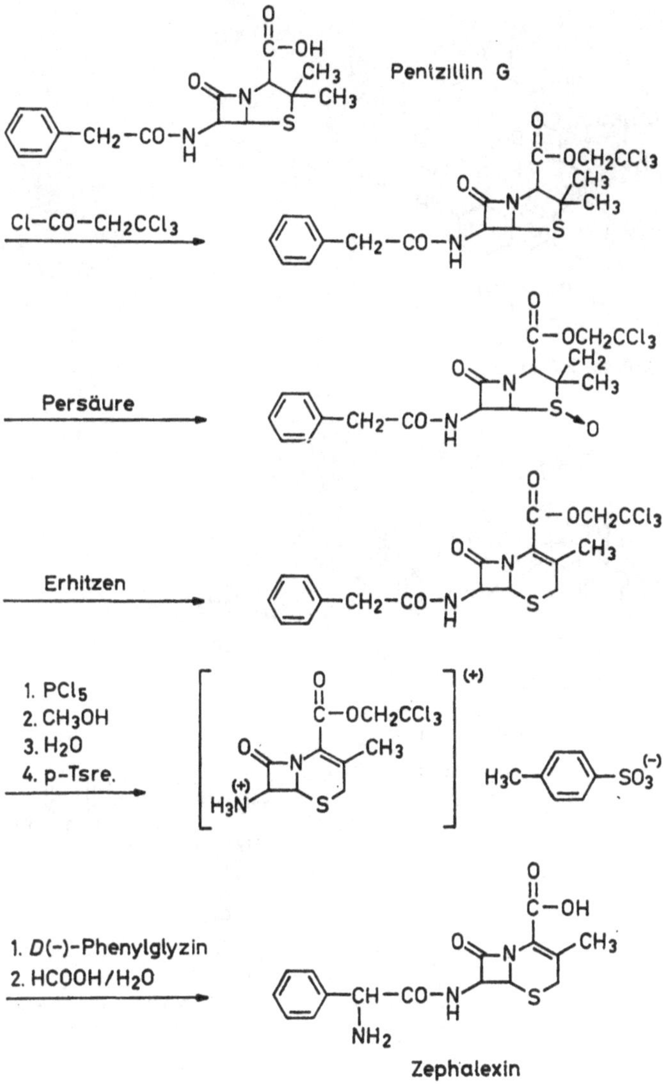

Abb. 14. Synthese von Zephalexin aus Penizillin G

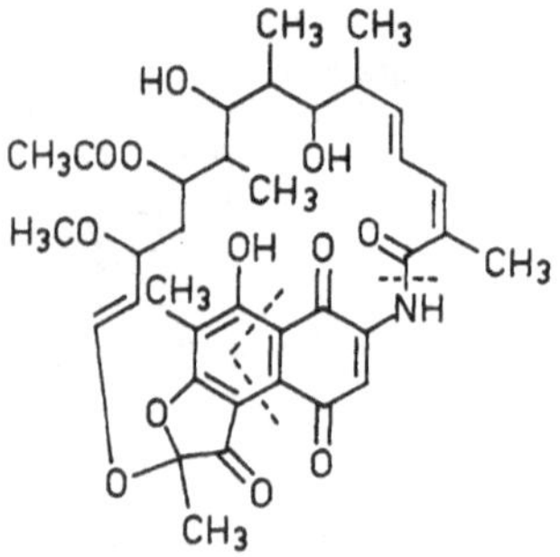

Abb. 15. Rifamyzin S

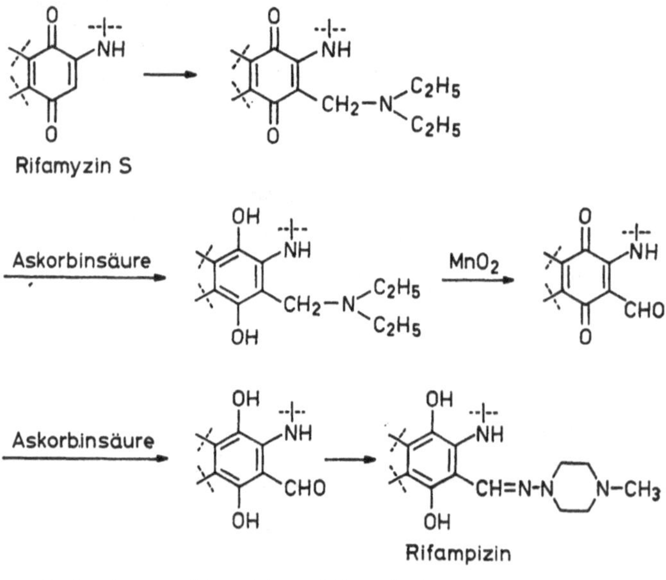

Abb. 16. Synthese von Rifampizin aus Rifamyzin S

wird die Mannichbase in 3-Formyl-rifamyzin S überführt und diese Verbindung durch milde Reduktion in das entsprechende SV-Derivat umgewandelt. Durch Umsetzung des 3-Formyl-rifamyzin SV mit 1-Amino-4-methyl-piperazin entsteht schließlich Rifampizin (Abb. 16).

Spezieller Teil

6. β-Laktamantibiotika

Zu den β-Laktamantibiotika gehören die Penizilline und Zephalosporine. Beide Wirkstoffgruppen besitzen in ihrem Molekül einen β-Laktamring. In jüngster Zeit sind noch zwei weitere Strukturtypen, Mezillinam und die Zephamyzine, entwickelt worden, die nicht direkt zu den Penizillinen und Zephalosporinen gezählt werden können, da sie strukturell geringfügig abweichen. Sie enthalten jedoch ebenfalls einen β-Laktamring im Molekül.

6.1. Penizilline

6.1.1. Allgemeines

Die Penizilline bilden die umfangreichste Antibiotikagruppe. Ihr struktureller Kern ist die 6-Aminopenizillansäure (Abb. 2), die sich aus einem Thiazolidin- und einem β-Laktamring zusammensetzt. Am bedeutendsten ist das Penizillin G (Benzylpenizillin), das auf biosynthetischem Wege gewonnen werden kann und sich wegen seiner antibakteriellen und pharmakokinetischen Eigenschaften auszeichnet. Seine schnelle Verteilung im Körper, die bakterizide Wirkungsweise und die sehr geringe Toxizität bestimmen den therapeutischen Wert dieses wichtigen Antibiotikums. Das Auftreten penizillinresistenter Stämme von *Staphylococcus aureus* hat die Suche nach neuen Antibiotika stimuliert. Zunächst wurde die Seitenkette der 6-Aminopenizillansäure dadurch variiert, daß während des Fermentationsprozesses andere Precursor zugesetzt wurden. Auf diese Weise konnte Penizillin V (Phenoxymethylpenizillin) gewonnen werden. Um die Bildung dieser Seitenkette anzuregen, wird dem Reaktionsmedium Phenoxyessigsäure zugesetzt. Die nächste Etappe der Forschungsarbeiten bildete die Kenntnis der Möglichkeit, die biosynthetisch herstellbaren Penizilline G oder V hydrolytisch zu spalten und auf diese Weise Ausgangsmaterial für die Herstellung weiterer Azylierungsprodukte zu erhalten. Heute sind etwa 20 halbsynthetische Penizilline in die Praxis eingeführt. Dazu gehören solche wichtigen Penizilline wie Ampizillin, Amoxyzillin, Karbenizillin sowie die Isoxazolylpenizilline Oxazillin, Kloxazillin und Dikloxazillin.

Die halbsynthetischen Penizilline können in drei Gruppen eingeteilt werden:

- Oralpenizilline (Penizilline mit verbesserter enteraler Resorption)
- Penizillinasefeste Penizilline
- Breitspektrumpenizilline.

Den wesentlichsten Fortschritt in der Entwicklung stellen die in der zweiten Gruppe zusammengefaßten penizillinasefesten Penizilline dar, die in erster Linie gegen penizillinasebildende Staphylokokken wirksam sind.

Zwischen den verschiedenen Penizillinen ist in der Regel eine Parallelresistenz zu verzeichnen. Allergieerscheinungen erstrecken sich meist auf alle Penizillinderivate. Generell ist eine gute Verträglichkeit und eine hohe Dosierungsspanne zu verzeichnen.

6.1.2. Benzylpenizillin (Penizillin G)

6.1.2.1. Allgemeines und Chemie

Penizillin G ist ein Stoffwechselprodukt des Pilzes *Penicillium notatum* (*Westling*) oder verwandter Mikroorganismen. Fleming entdeckte 1928 bei zahlreichen Keimen seine bakteriziden Eigenschaften. In die Therapie wurde Penizillin G jedoch erst 1943 eingeführt.

Benzylpenizillin (Abb. 17) ist ein Derivat der 6-Aminopenizillansäure (Abb. 2). Als relativ instabile Säure bildet es stabile Salze und Ester. Die wichtigsten Salze sind neben den Natrium- und Kaliumsalzen die des Prokains und Benzathins (Abb. 17).

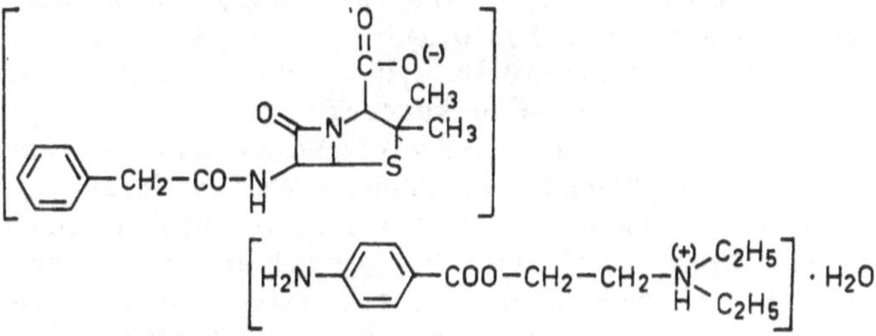

Benzylpenizillin-Prokain

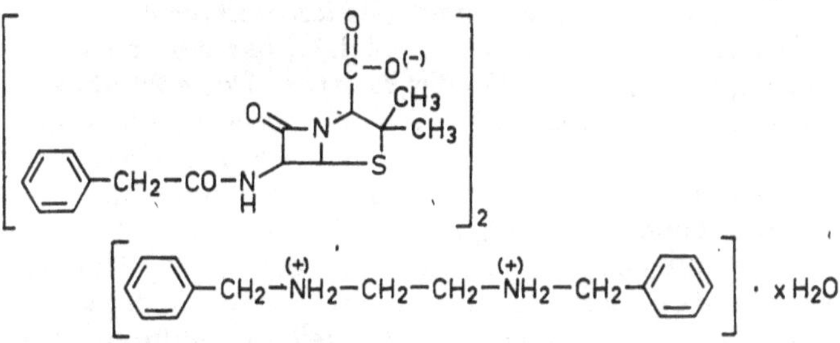

Benzylpenizillin-Benzathin

Abb. 17. Penizillin-G-Salze

Wie bereits beschrieben, wird Benzylpenizillin auf fermentativem Wege gewonnen. Der Kulturlösung wird als Precursor Phenylessigsäure zugesetzt; dadurch wird die Ausbeute an Penizillin G erheblich gesteigert. Die Isolierung erfolgt mittels Extraktion (siehe Abschn. 5.2.).

6.1.2.2. Wirkung und Indikation

Zur Anwendung gelangt Penizillin G als leicht wasserlösliches Natrium- oder Kaliumsalz oder als schwer wasserlösliches Depotpenizillin (Benzylpenizillin-Prokain bzw. Benzylpenizillin-Benzathin). Die Alkalipenizilline weisen rasch ansteigende hohe Serumkonzentrationen von relativ kurzer Dauer auf. Durch die Salzbildung mit Prokain sind die Serumspiegel niedriger, aber länger anhaltend. Durch Kombination mit Benzylpenizillin-Benzathin wird der Depoteffekt wesentlich verstärkt.

Penizillin G und seine Salze wirken ausschließlich auf grampositive Erreger. Penizillinasebildende Staphylokokken inaktivieren Penizillin G. Zu den hochempfindlichen Erregern gehören *Streptococcus pyogenes*, Gonokokken, Pneumokokken, Diphteriebakterien und *Treponema pallidum*. Weniger empfindlich sind Penizillin G-6-empfindliche Staphylokokken, Klostridien, *Streptococcus viridans*, Aktinomyzeten und *Bacillus anthracis*.

Benzylpenizillin ist gut verträglich, hat eine hohe Dosierungsspanne, wirkt bei der richtigen Dosierung bakterizid und weist eine langsame Resistenzentwicklung auf. Um die Resistenzentwicklung bei pathogenen Keimen zu vermeiden, wird eine frühzeitige Anwendung und eine genügend hohe Dosierung bei ausreichend langer Therapiedauer empfohlen. Unterschwellige Penizillinspiegel können zu einer Resistenzsteigerung führen. Auf Grund der unterschiedlichen Penizillinempfindlichkeit der Mikroorganismen ist eine strenge Indikationsstellung für die Verordnung erforderlich.

Bedingt durch die Säureempfindlichkeit des Penizillin G ist eine orale Applikation nicht sinnvoll. Penizillin G und seine Salze werden ausschließlich parenteral verabfolgt. Die Halbwertszeit ist sehr gering; sie beträgt nur 30 bis 40 min. Die Plasmaeiweißbindung wird mit 50% angegeben. Die Liquorgängigkeit ist gering. Bei entzündeten und eitrigen Meningen können mit hohen Penizillin-Dosen ausreichende Liquorkonzentrationen festgestellt werden.

In Niere, Leber, Lunge, Haut und Schleimhäuten sind ausreichende Gewebekonzentrationen nachzuweisen. In Muskulatur, Nervengewebe und Knochen ist eine schlechte Diffusion festzustellen.

Die Ausscheidung erfolgt bis zu 90% mit dem Urin. Die Harnkonzentrationen liegen um ein Vielfaches über den Serumwerten.

Häufigste Nebenwirkungen sind Allergien, die in schweren Fällen bis zum anaphylaktischen Schock führen können. Bei Überdosierungen sind Neurotoxizitäten beobachtet worden.

Aus dem Wirkungsspektrum des Benzylpenizillin leiten sich u. a. folgende Indikationen ab: Scharlach, Diphterie, Gonorhoe, Angina, Endocarditis lenta, Tetanus, Gasbrand und z. T. Wundinfektionen.

6.1.3. Oralpenizilline

6.1.3.1. Allgemeines und Chemie

Zu den Oralpenizillinen gehören Phenoxymethylpenizillin (Penizillin V), Propizillin, Phenetizillin und Azidozillin. Ihre Entwicklung geht auf Arbeiten zurück, die BEHRENS 1943 begonnen und 1948 publiziert hatte. Die Säurestabilität des Penizillin V, die eine orale Applikation ermöglicht, war erst 1953 von BRANDL und Mitarbeitern erkannt worden.

Penizillin V wird auf fermentativem Wege (Precursor ist Phenoxyessigsäure), die übrigen Oralpenizilline werden halbsynthetisch gewonnen. Ihre chemischen Strukturen können der Abb. 18 entnommen werden. Die synthetischen Probleme liegen bei der Herstellung der jeweiligen Azylierungskomponente, die mit der 6-Aminopenizillansäure verknüpft werden muß. Propizillin ist chemisch α-Phenoxy-n-propyl-penizillin, Phenetizillin α-Phenoxyäthyl-penizillin und Azidozillin α-Azidobenzyl-penizillin. Zum Einsatz gelangen in der Regel die Kaliumsalze.

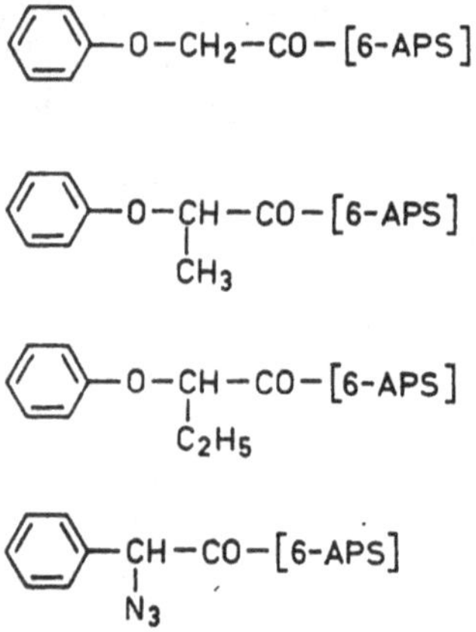

Penizillin V
Phenoxymethylpenizillin

Phenethizillin
Phenoxyäthylpenizillin

Propizillin
Phenoxypropylpenizillin

Azidozillin
α-Azidobenzylpenizillin

Abb. 18. Oralpenizilline

6.1.3.2. *Wirkung und Indikation*

Das Wirkungsspektrum der Oralpenizilline entspricht im wesentlichen dem des Penizillin G. Dies gilt auch für die Empfindlichkeit gegenüber Penizillinase. Lediglich Propizillin und mit Einschränkungen auch Phenetizillin besitzen eine etwas größere Penizillinasestabilität, die jedoch nur eine geringe praktische Bedeutung hat. In der richtigen Dosierung wirken die Oralpenizilline ebenso wie Benzylpenizillin bakterizid, in niedrigen Konzentrationen angewandt, sind sie bakteriostatisch wirksam.

Die Wirkungsintensität von Penizillin V und Azidozillin gegenüber grampositiven sensiblen Keimen entspricht der des Penizillin G, die von Propizillin und Phenetizillin nur etwa 25 bis 50% der Penizillin-G-Wirkung. Azidozillin hat im klassischen Bereich dieser Gruppe gegenüber den anderen Penizillinderivaten keine Vorteile. Sein Wirkungsspektrum umfaßt jedoch zusätzlich *Haemophilus influenzae* und Enterokokken.

Bei penizillinasebildenden Bakterien besteht zwischen

den Oralpenizillinen, dem Ampizillin und Penizillin G Parallelresistenz.

Die festgestellten Serumkonzentrationen nach oraler Gabe sind direkt abhängig von der applizierten Dosis. Im allgemeinen wird eine gute Gewebediffusion erreicht. Die Resorptionsrate liegt zwischen 50 und 75%. Die Halbwertszeit von Penizillin V, Propizillin und Azidozillin wird mit 30 min und von Phenetizillin von nur 20 min angegeben. Die Plasmaeiweißbindung beträgt beim Penizillin V 60%, bei Propizillin 80 bis 85%, bei Phenetizillin 80% und bei Azidozillin 85%. Die Ausscheidung der Oralpenizilline erfolgt durch den Urin (Penizillin V 30%, Propizillin 50%, Phenetizillin 30% und Azidozillin 60%). Neben Azidozillin wird mit dem Harn Ampizillin ausgeschieden, das im Körper aus dem Azidozillin entsteht.

Die Oralpenizilline sind wie das Penizillin G wenig toxisch. Günstig beurteilt wird die relativ geringe Allergisierungsrate. Nachteilig ist die bei Magen-Darm-Störungen auftretende unsichere Resorption.

Unter Berücksichtigung des Wirkungsspektrums und der Resistenzverhältnisse ergeben sich folgende Indikationsgebiete: Pneumonien einschließlich Bronchopneumonien, Bronchitis, Tonsillitis, Scharlach, Weichteilinfektionen, wie Furunkel, Karbunkel, Abszesse, Infektionen der Haut, Gonorrhoe. Bei kontinuierlicher Gabe können die Oralpenizilline zur Prophylaxe des Streptokokkenrheumatismus eingesetzt werden.

6.1.4. Penizillinasefeste Penizilline

6.1.4.1. Allgemeines und Chemie

In größeren klinischen Einrichtungen waren schon im Jahre 1948 etwa 50% der Stämme von *Staphylococcus aureus* resistent gegenüber Penizillin. 1960 waren bereits 80% der Stämme dieses Erregers penizillinresistent. Auch in der Allgemeinpraxis war ein Zunehmen der resistenten Erreger zu beobachten. Wie bereits beschrieben, beruht der Mechanismus der Penizillinresistenz auf der Bildung von Penizillinase, einem Enzym, das den β-Laktamring des Penizillinmoleküls spaltet und somit inaktiviert (Abb. 1). Dieser Sachverhalt führte zur Entwicklung der halbsynthetischen Penizilline mit einer sterisch behindernden Seitenkette. Die N-Azylreste sind außerordentlich sperrig aufgebaut und besitzen nahe der HN—CO-Gruppierung polare Gruppen. Solche sterischen Blockierungen sind offensichtlich in der Lage, den β-Laktamring vor Angriffen der Penizillinase zu schützen.

Das erste penizillinasestabile Penizillin, das in die Therapie eingeführt wurde, war Methizillin, das 2,6-Dimethoxyphenylpenizillin. Dieses Derivat ist jedoch gegenüber Säuren instabil und kann nur parenteral appliziert werden. Die weitere Entwicklung auf diesem Gebiet führte zu den Isoxazolylpenizillinen Oxazillin, Kloxazillin, Dikloxazillin und Flukloxazillin, die neben ihrer Wirksamkeit gegenüber penizillinasebildenden Staphylokokken auch säurestabil sind und oral verabreicht werden können.

Weitere interessante Strukturen besitzen Chinazillin, Naphzillin und Anzillin, denen ebenfalls eine sperrige Seitenkette eigen ist. Die Strukturen der angeführten penizillinasefesten Penizilline können der Abb. 19 entnommen werden.

Die Herstellung dieser halbsynthetischen Penizilline geht von der 6-Aminopenizillansäure aus, die mit dem Säurechlorid der für die Seitenkette vorgesehenen Säure umgesetzt wird. Auch hier liegen ebenso wie bei den Oralpenizillinen die Besonderheiten und Schwierigkeiten in der Synthese der Seitenkette.

6.1.4.2. Wirkung und Indikation

Die penizillinasefesten Penizilline, auch Staphylokokkenpenizilline genannt, haben gegenüber penizillinasebildenden Staphylokokken eine starke Wirksamkeit. Ihre Wirkung gegenüber Penizillin-G-empfindlichen Keimen, wie Streptokokken, Pneumokokken und auch Penizillin-G-

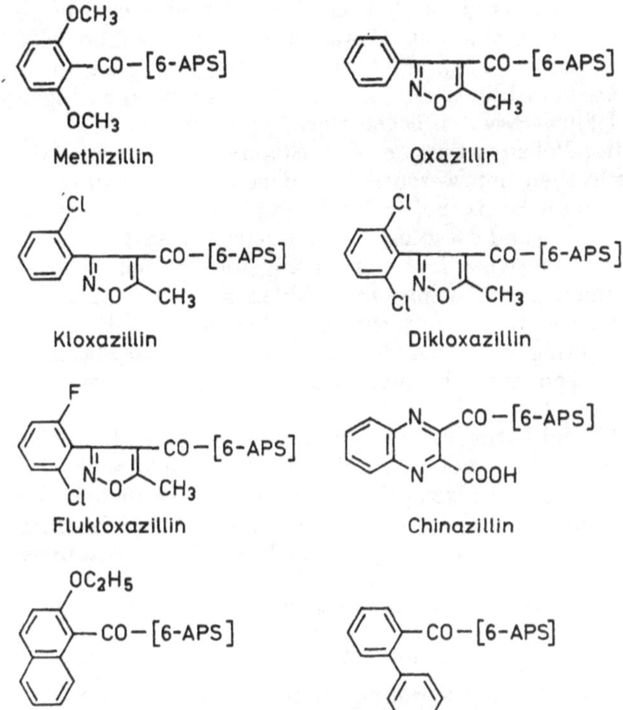

Abb. 19. Penizillinasefeste Penizilline (Staphylokokkenpenizilline)

empfindlichen Staphylokokken entspricht nur etwa 10% der Wirkung des Penizillin G. Daher stellen diese und auch andere grampositive Keime eine primäre Indikation für Penizillin G dar. Ihre Wirkungsweise entspricht der des Penizillin G, d. h. die penizillinasefesten Penizilline wirken in der richtigen Dosierung bakterizid. Die Resorption nach oraler Gabe liegt zwischen 50 und 70%. Methizillin ist säureinstabil und wird deshalb kaum resorbiert. Die maximalen Blutspiegelwerte werden im allgemeinen nach 1 bis 2 h erreicht. Einige Beispiele zur Plasmaeiweißbindung: Oxazillin 88%, Kloxazillin 96%, Dikloxazillin 96%, Flukloxazillin 97%. Weiterhin ist diesen Penizillinen eine geringe Liquorgängigkeit eigen; die Halbwertszeiten liegen zwischen 25 und 45 min.

Die Nebenwirkungen der Staphylokokkenpenizilline entsprechen im wesentlichen denen des Penizillin G. Methizillin ist in hoher Dosierung nierenschädigend, es wird auf Grund der günstigeren Eigenschaften der neueren Penizillinderivate kaum noch angewandt. Bei der parenteralen Applikation von Dikloxazillin treten lokale Reizerscheinungen auf, die beim Oxazillin und Flukloxazillin geringer sind. Die übliche Applikation der Staphylokokkenpenizilline ist oral, beim Oxazillin oral oder parenteral.

Als Indikationen werden Erkrankungen, die durch Penizillin-G-resistente Staphylokokken verursacht werden, angegeben. Dazu gehören septische Krankheitsbilder, Endokarditis, Infektionen der Atemwege, Mastitis, Harnwegsinfektionen, Infektionen des Nasen-Rachen-Raumes.

6.1.5. Breitspektrumpenizilline

6.1.5.1. Allgemeines und Chemie

Zu den Breitspektrumpenizillinen gehören die Aminopenizilline und Karbenizillin. Die Aminopenizilline besitzen an dem der Karbonylgruppe der Seitenkette benachbarten Kohlenstoffatom eine Aminogruppe. Das gegenwärtig bekannteste Derivat ist das Ampizillin, das D-(—)-α-Aminopenizillin, das als erstes Derivat dieser Gruppe in die klinische Praxis eingeführt wurde. Es nimmt unter den Penizillinen eine Sonderstellung ein, da es auch gegen eine Anzahl gramnegativer Erreger wirksam ist (Salmonellen, Shigellen, Enterokokken), aber nicht gegen Pyocyaneus. Vom Ampizillin wurden in jüngster Zeit die Ester Pivampizillin, Talampizillin und Bacampizillin synthetisiert.

Die größte Bedeutung aus dieser Reihe wird dem Amoxyzillin zukommen, da es offensichtlich echte Vorteile gegenüber Ampizillin hat. Als weitere Neueinführungen sind Epizillin und Ziklazillin zu erwähnen. Epizillin entspricht in seiner Wirkung dem Ampizillin und hat pharmakokinetisch keine besonderen Vorteile aufzuweisen. Ziklazillin kann gegenwärtig noch nicht endgültig beurteilt werden. Ein älteres Derivat, Hetazillin, ist wegen seiner Hepatotoxizität heute bereits als überholt anzusehen.

Karbenizillin ist ein weiteres halbsynthetisches Penizillin mit einem relativ breiten Wirkungsspektrum gegen grampositive und gramnegative Bakterien. Es ist das erste klinisch wirksame Penizillinderivat gegen Infektionen, die durch *Pseudomonas aeruginosa* verursacht werden. Der Wirkungsbereich ist generell in Richtung der gramnegativen Erreger verschoben. Dabei sind insbesondere noch *Proteus*-Stämme und *Haemophilus influenzae* zu nennen. Karbenizillin kann nur parenteral verabreicht werden. Dieser Nachteil sollte durch die Entwicklung seines Indanyl- bzw. Phenylesters ausgeglichen werden. Die dabei erzielte Resorptionsrate von 35 bis 40% kann jedoch nicht im vollen Umfange befriedigen. Es werden zwar hohe Urinspiegel erreicht, die Serumkonzentration bleibt jedoch unter den für eine erfolgreiche Behandlung schwerer Infektionen notwendigen Werten, so daß eine Resistenzentwicklung begünstigt werden kann. Ein weiteres Karbenizillinderivat ist Tikarzillin, das eine höhere antibakterielle Aktivität gegen *Pseudomonas aeruginosa* als das Karbenizillin besitzt.

Die Strukturen der Aminopenizilline sind in Abb. 20, die des Karbenizillins und seiner Derivate in Abb. 21 wiedergegeben.

Für die Synthese des Ampizillins, die ebenfalls wie die der anderen halbsynthetischen Penizilline von 6-Aminopenizillansäure ausgeht, ist es notwendig, die Aminogruppe der Seitenkette vor der Azylierung der 6-APS zu schützen. Dabei wird die unterschiedliche Basizität der beiden Aminogruppen (die der 6-APS und die der Seitenkette) ausgenützt. Die schützende Gruppe muß so be-

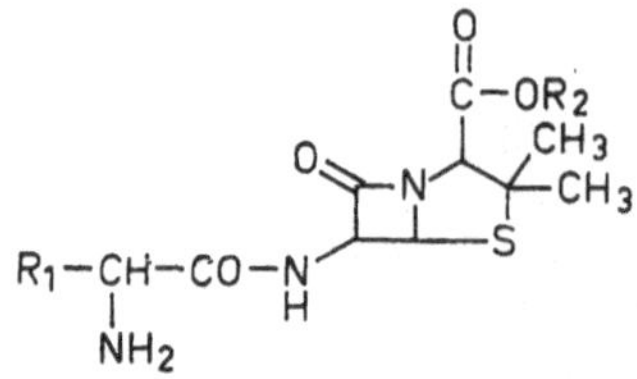

R_1	R_2	Aminopenizillin
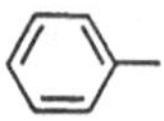	$-H$	Ampizillin
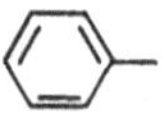	$-CH_2-O-CO-C(CH_3)_3$	Pivampizillin
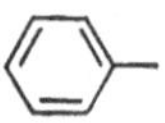	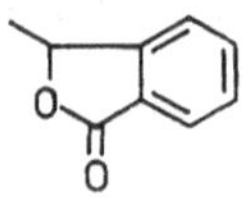	Talampizillin
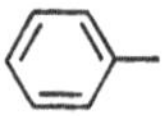	$-CH(CH_3)-O-CO-OC_2H_5$	Bacampizillin
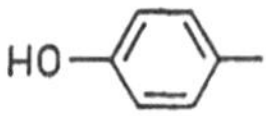	$-H$	Amoxyzillin
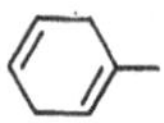	$-H$	Epizillin
C_5H_{10}	$-H$	Ziklazillin

Abb. 20. Aminopenizilline

schaffen sein, daß sie durch milde Hydrolysebedingungen leicht wieder abgespalten werden kann. Es sind auch Verfahren bekannt, in denen die Aminogruppe der Seitenkette nachträglich in das Molekül eingeführt wurde. Dies kann beispielsweise durch Reduktion der Azidogruppe

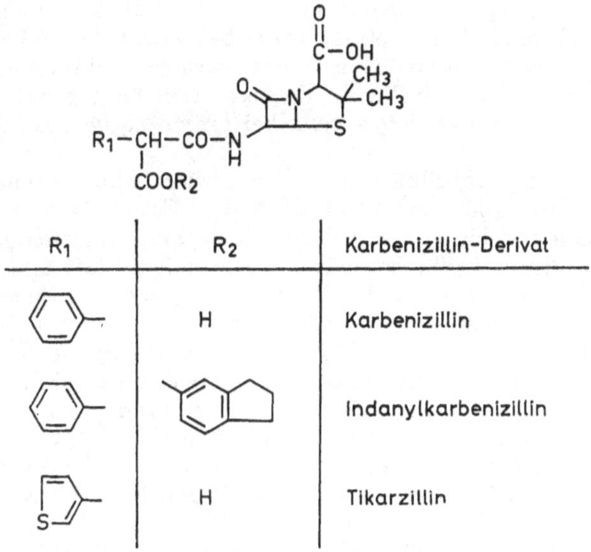

Abb. 21. Karbenizillin und -derivate

des Azidozillins mit RANEY-Nickel als Katalysator geschehen. Das Karbenizillin besitzt in der Seitenkette eine stark polare Gruppe, die die Wirksamkeit beeinflußt.

6.1.5.2. Wirkung und Indikation

Im Gegensatz zu Penizillin G und V zeigen die Aminopenizilline eine bedeutende Aktivität gegenüber gramnegativen Keimen. Dagegen werden sie wie Penizillin G oder V durch Penizillinase zerstört, so daß sie gegenüber Staphylokokken unwirksam sind. Auch die meisten Stämme von Klebsiella und Pseudomonas sind resistent. Ampizillin ist auf Grund seiner vielseitigen Einsetzbarkeit eines der meistgebrauchten Antibiotika geworden.

Die wichtigste Eigenschaft des Karbenizillins ist seine Wirkung gegen *Pseudomonas aeruginosa*. Es ist darüber hinaus ein *Pyocyaneus-* und *Proteus*-Penizillin.

Die Breitspektrumpenizilline wirken durch Hemmung der Zellwand-Mukopeptidsynthese bakterizid. Sie haben gegen grampositive Keime eine geringere Wirkungsintensität als Penizillin G. Es besteht ihnen gegenüber eine partielle Parallelresistenz bei gramnegativen Stäbchen.

Obwohl Ampizillin auch oral appliziert wird, beträgt seine Resorption nur 40 bis 50%. Die Ester des Ampizillins haben eine bessere Resorptionsquote aufzuweisen. Beim Pivampizillin ist jedoch festzustellen, daß dieser Ester toxischer ist als die übrigen Penizilline. Die therapeutische Sicherheit ist abhängig von der Hydrolyse im Körper, bei der u. a. Trichloressigsäure und Formaldehyd auftreten. Amoxyzillin wird nach peroraler Gabe sehr gut resorbiert, wobei die Resorption vom Füllungszustand des Magens praktisch nicht beeinflußt wird.

Die Toxizität der Aminopenizilline und des Karbenizillins entspricht der des Penizillin G und ist somit sehr gering.

Bei der oralen Therapie werden mitunter Störungen des Magen-Darm-Traktes beobachtet. Die Allergiefrequenz entspricht der des Penizillin G.

Als Indikationen werden für die Aminopenizilline Erkrankungen, die u. a. durch Enterokokken, Salmonellen und *Escherichia coli* verursacht werden, angegeben. Karbenizillin wird bei Harnwegsinfektionen, die durch sensible *Pseudomonas pyocyanea*-Stämme und *Proteus*-Arten verursacht werden, eingesetzt.

6.1.6. Neuere Penizillinderivate

6.1.6.1. Allgemeines und Chemie

In jüngster Zeit wurde in der Literatur über neue interessante Strukturen, die sich vom Penizillin bzw. der 6-Aminopenizillansäure ableiten, berichtet. Es handelt sich dabei zum einen um zwei neue halbsynthetische Penizilline mit originellen Seitenketten: Azlozillin und Mezlozillin (Abb. 22) und zum anderen um 6-Amidino-penizil-

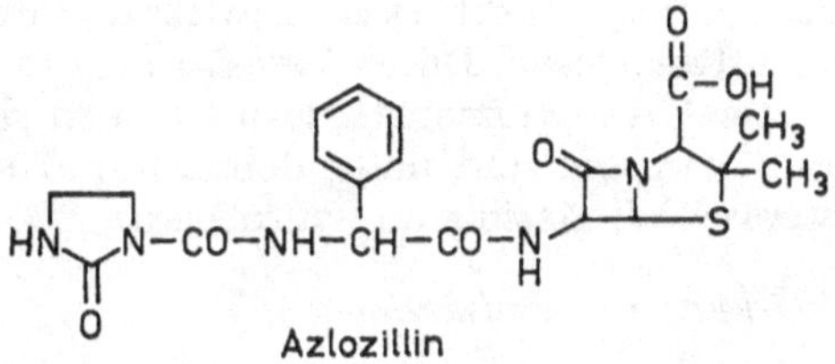

Azlozillin

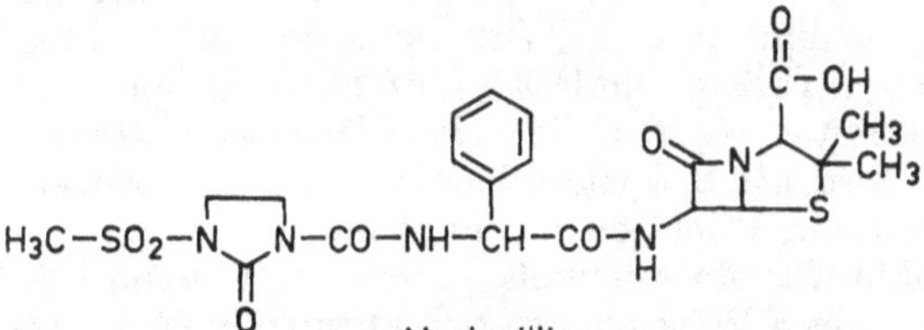

Mezlozillin

Abb. 22. Neue halbsynthetische Penizilline

lansäurederivate: Mezillinam und Pivmezillinam (Abb. 23). Diese neue Gruppe von β-Laktamantibiotika wurde 1972 von LUND und TYBRING synthetisiert. Mezillinam ist von den aus dieser Reihe hergestellten Substanzen die aktivste

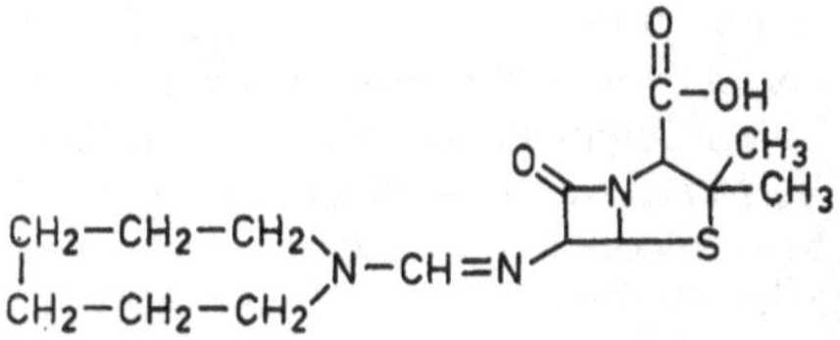

Mezillinam

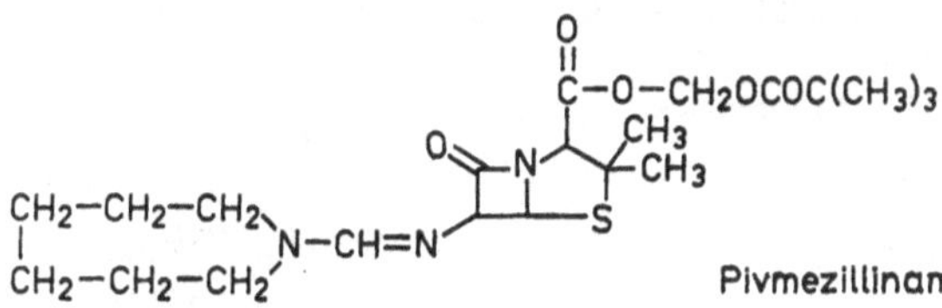

Pivmezillinam

Abb. 23. Amidinopenizilline

Verbindung. Oral appliziert ist sie unwirksam auf Grund der fehlenden Resorption. Durch Veresterung des Mezillinam mit einer Pivaloyloxymethylgruppe wird die Verbindung oral wirksam und unter dem Einfluß unspezifischer Esterasen zu Mezillinam hydrolisiert.

6.1.6.2. *Wirkung und Indikation*

Azlozillin ist ein parenteral anwendbares halbsynthetisches Penizillin, dessen Wirkungsspektrum wichtige gramnegative Erreger umfaßt. Auffallend ist die hohe invitro-Aktivität gegenüber *Pseudomonas*-Bakterien. Azlozillin wird als Spezialantibiotikum für den Einsatz bei *Pseudomonas*-Infektionen empfohlen.

Mezlozillin ist ein ebenfalls parenteral anwendbares Penizillin, dessen Wirksamkeit sich in vitro über das gesamte Bakterienspektrum erstreckt. Ausgenommen sind dabei die penizillinasebildenden Bakterien. Auf Grund seines breiten Spektrums, das auch gramnegative Problemkeime umfaßt (Klebsiella, Proteus, Pseudomonas) wird erwartet, daß dieses Erzeugnis eine Lücke unter den vorhandenen Antibiotika ausfüllt.

Mezillinam hat eine Reihe von Eigenschaften, die bei den bisher beschriebenen Antibiotika, speziell den Penizillinderivaten, unbekannt sind. Dies gilt sowohl für den Wirkungsmechanismus als auch für das antibakterielle Spektrum. Während Mezillinam gegen Staphylokokken, Enterokokken und Neisseria wenig wirksam ist, erweist es sich gegen *Enterobacteriaceae* 10- bis 20mal wirksamer als Ampizillin. Bei oraler Applikation des Pivmezillinams werden innerhalb der ersten sechs Stunden 50% der applizierten Dosis wieder mit dem Harn ausgeschieden.

6.2. *Zephalosporine*

6.2.1. *Allgemeines*

Im Jahre 1945 entdeckte der italienische Mikrobiologe Brotzu bei der Untersuchung der Meereswasserflora Mikroorganismen mit einer ausgeprägten antibakteriellen

Aktivität, die auf Nähragar oder in flüssigen Nährmedien Stoffe produzieren, die die Entwicklung einer Vielzahl von Mikroorganismen hemmen.

1948 wurde festgestellt, daß es sich bei der von BROTZU isolierten Kultur um *Cephalosporium salmosynnematum* handelt, das mehrere Antibiotika produziert, u. a. Zephalosporin C und ein Antibiotikum mit Steroidstruktur (Zephalosporin P). Bedeutungsvoll für die Arzneimittelindustrie, speziell die Antibiotikasynthese, ist Zephalosporin C. Neben dem oben erwähnten Produzenten sind noch folgende Zephalosporin-C-Bildner interessant: *Cephylosporium acremonium*, *Emericellopsis*- und *Streptomyces*-Stämme.

Zwischen Zephalosporin C und den Penizillinen gibt es strukturelle Ähnlichkeiten. Identisch ist der β-Laktamring. Die Azylseitenkette der halbsynthetischen Penizilline wird im Zephalosporin C durch einen Aminoadipinsäurerest vertreten. Der 5gliedrige Thiazolidinring des Penizillinkerns ist bei den Zephalosporinen ein 6gliedriger Dihydrothiazinring.

Die Zephalosporine wirken wie die Penizilline bakterizid. Auch den Wirkungsmechanismus — Hemmung der bakteriellen Zellwandsynthese — haben sie mit den Penizillinen gemeinsam. In der Wirkung auf gramnegative Keime sind die einzelnen Zephalosporine nahezu gleichwertig. Gegenüber gramnegativen Erregern bestehen zwischen den Zephalosporinen in der antibakteriellen Aktivität beträchtliche Unterschiede. Unterschiede sind auch in der Pharmakokinetik (Resorption, Halbwertszeit, Metabolisierung, Eiweißbindung, Ausscheidung) festzustellen.

Für die Einteilung der Zephalosporine scheint ihre Untergliederung in parenteral und oral wirksame Derivate zweckmäßig zu sein.

6.2.2. *Chemie*

Einer der wichtigsten Ausgangsstoffe für die Synthese von Zephalosporinderivaten ist das Zephalosporin C (Abb. 11), das auf fermentativem Wege gewonnen wird.

Die Totalsynthese der Zephalosporine ist möglich, hat jedoch bis heute noch keine industrielle Bedeutung.

Die Nomenklatur der Zephalosporine wird auf das Zepham- bzw. Zephem-Grundgerüst zurückgeführt (Abb. 24).

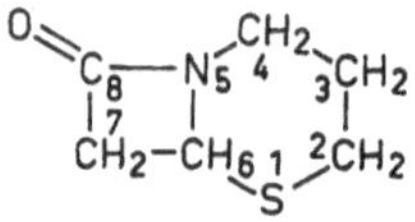

1

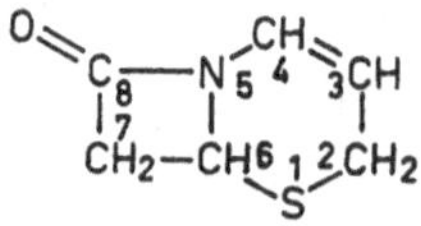

2

Abb. 24. Zepham(1)- und Zephem(2)-struktur

Mit Hilfe der Röntgenstrukturanalyse wurde nachgewiesen, daß die räumliche Struktur der β-Laktamringe in den Penizillinen und Zephalosporinen identisch ist.

Die mikrobiologische Aktivität der einzelnen Zephalosporine wird durch den oder die eingeführten neuen Substituenten bestimmt. Zur Steigerung der antibakteriellen Wirksamkeit wurde eine Vielzahl chemischer Reaktionen mit unterschiedlichem Erfolg durchgeführt. Dazu bieten sich prinzipiell folgende Möglichkeiten an:

- Reaktionen am S-Atom
- Modifizierung der C-Atome 2, 3 und 7
- Reaktionen an der endozyklischen Doppelbindung
- Reaktionen der Karboxylgruppe
- Entazylierung
- Azylierungen.

Als Reaktion am S-Atom wurde die Sulfoxydation durchgeführt, die zwar eine interessant erscheinende Umlagerung der Doppelbindung von Stellung 2 in Stellung 3 zur Folge hatte, aber zu keiner attraktiven biologischen Wirkung führte.

Die Reaktionsfähigkeit des C-Atoms 2 in 3-Zephemderivaten ist in der Allylstellung zur Doppelbindung im Dihydrothiazinring begründet. Es gelang, 2-Methyl- und

2-Methylenzephalosporine zu synthetisieren, auf deren Grundlage 2-Thiomethyl- und 2-Thiomethylenderivate hergestellt wurden. Diese Verbindungen zeigten Aktivität gegenüber dem penizillinresistenten *Staphylococcus aureus*; sie sind aber nicht in die Praxis eingeführt worden.

Am C-Atom 3 ist die Desazetoxylierung des Zephalosporin C durch Hydrogenolyse interessant. Von vielen Desazetoxyzephalosporinen hat sich das Zephaloridin als am wirksamsten erwiesen. In 7-Stellung substituierte Zephalosporine sind weniger aktiv als die nichtsubstituierten Derivate.

Reaktionen an der endozyklischen Doppelbindung führten zu biologisch inaktiven Verbindungen. Die Karboxylgruppe zeigt die für diese Gruppe charakteristischen Reaktionen. Ihre Ester besitzen eine äußerst geringe biologische Aktivität.

Die Entazylierung unter Freisetzung der Aminogruppe und Bildung der 7-Aminozephalosporansäure ist für die Synthese der wirksamen Zephalosporine sehr bedeutungsvoll.

Azylierungen, mit dem Ziel der Einführung origineller Seitenketten, haben zu einer Vielzahl praxisrelevanter Arzneimittel geführt.

6.2.3. *Mikrobiologie*

Ebenso wie die Penizilline greifen die Zephalosporine in das letzte Stadium der Mureinsynthese der Bakterien ein. In diesem Stadium erfolgt die Quervernetzung der Glykopeptidstränge. Diese wird spezifisch gehemmt, indem die dazu notwendige Transpeptidase irreversibel mit dem β-Laktamring der Zephalosporine verbunden wird. Das bedeutet, daß die Wirkung der Zephalosporine nur bei stattfindendem Mureinstoffwechsel, d. h. bei sich vermehrenden Zellen eintritt.

Eine Inaktivierung der Zephalosporine erfolgt wie bei den Penizillinen durch β-Laktamasen-bildende Erreger. Folgende Keimarten sind gegen Zephalosporine im allgemeinen sensibel:

Diplococcus pneumoniae
Streptococcus pyogenes
Bruzellen
Treponemen.

Enterokokken und *Pseudomonas aeruginosa* beispielsweise sind gegenüber Zephalosporinen resistent.

Ein besonderes Indikationsgebiet stellen für die Zephalosporine Infektionen dar, die durch Enterobakterien hervorgerufen werden. Jedoch ist auch hier bei ca. 20% der Stämme mit Resistenzerscheinungen zu rechnen.

Zephalosporine gehören zu den gut verträglichen Antibiotika.

6.2.4. *Parenteral wirksame Zephalosporine*

6.2.4.1. *Allgemeines*

Zu den parenteral wirksamen Zephalosporinen, die gegenwärtig in die therapeutische Praxis eingeführt sind, gehören Zephalotin, Zephapirin, Zephaloridin, Zephazetril, Zephazolin. Zephradin ist sowohl parenteral als auch oral wirksam. Es wird bei den oral anwendbaren Derivaten besprochen. An neueren Verbindungen müssen Zephanon und Zephamandol erwähnt werden.

Es wurde bereits darauf hingewiesen, daß das antibakterielle Spektrum der Zephalosporine untereinander nahezu identisch ist. In ihrer Wirkung auf grampositive Keime sind die einzelnen Zephalosporine fast gleichwertig. Beträchtliche Differenzen in der Wirksamkeit bestehen bei gramnegativen Erregern. Es sind auch Unterschiede in der Stabilität gegenüber β-Laktamasen zu verzeichnen. Wesentlich sind die Abweichungen auf pharmakokinetischem Gebiet: Resorption, Halbwertszeit, Eiweißbindung, Höhe der Serum- und Gewebsspiegel, Metabolisierung, Ausscheidung.

6.2.4.2. Chemie

Die Strukturen der parenteral wirksamen Zephalosporine sind in Abb. 25 und 26 zusammengestellt. Ausgangsprodukt für ihre Synthese ist in der Regel das auf fermentativem Wege zugängliche Zephalosporin C. Die Isolierung erfolgt auf extraktivem oder adsorptivem Wege oder auch durch Fällung. Für die Chemie der Zephalosporine waren die vorliegenden Erfahrungen, die bei den Penizillinen gesammelt werden konnten, von großer Bedeutung. Dazu gehört auch die Hydrolyse des Penizillin G zu 6-Aminopenizillansäure. In Analogie zu dieser Reaktion steht die bisher nur auf chemischem Wege mögliche Spaltung des Zephalosporin C zur 7-Aminozephalosporansäure. Hierfür werden in der Praxis vorzugsweise folgende zwei Verfahren angewandt:

Abbau nach Morin
Iminochlorid-Methode.

Der Abbau nach Morin ist im wesentlichen eine Labormethode, die über ein Diazoniumsalz als Zwischenprodukt, das in guter Ausbeute (40%) 7-ACS ergibt, verläuft (Abb. 27). Das praxisrelevantere Verfahren ist die Iminochloridmethode (Abb. 12).

Zur Azylierung der 7-ACS werden die in der organischen Chemie üblichen Methoden — Säurechloride oder gemischte Anhydride als Azylierungsmittel — angewandt. Diese Verfahren hatten sich bereits bei der Synthese halbsynthetischer Penizilline bewährt.

So entsteht beispielsweise Zephalotin durch Umsetzung von 7-ACS mit Thienylazetylchlorid nach Schotten-Baumann (Abb. 28). Beim Zephazolin wird zunächst das Natriumsalz der 7-ACS mit 1-(1H)-Tetrazolylazetylchlorid umgesetzt und anschließend die Azetoxygruppe gegen 2-Merkapto-5-methyl-1,3,4-thiadiazol ausgetauscht (Abb. 13).

Zephazetril wird mit Hilfe eines gemischten Anhydrids oder durch einfache Umsetzung von 7-ACS mit Zyanazetylchlorid gewonnen (Abb. 29).

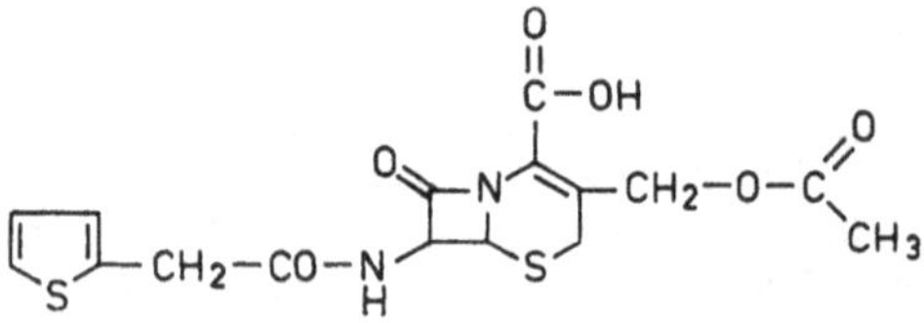

Zephalotin

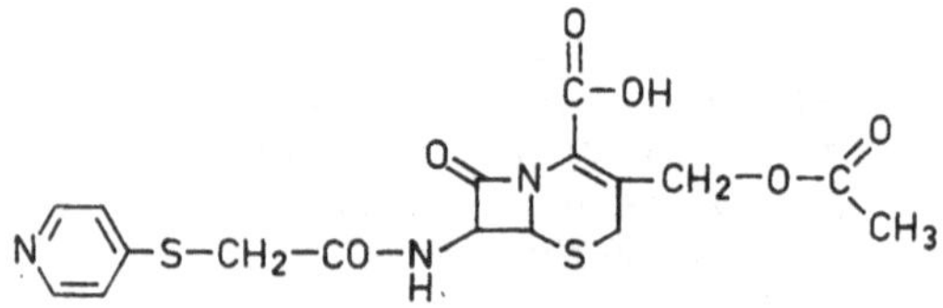

Zephapirin

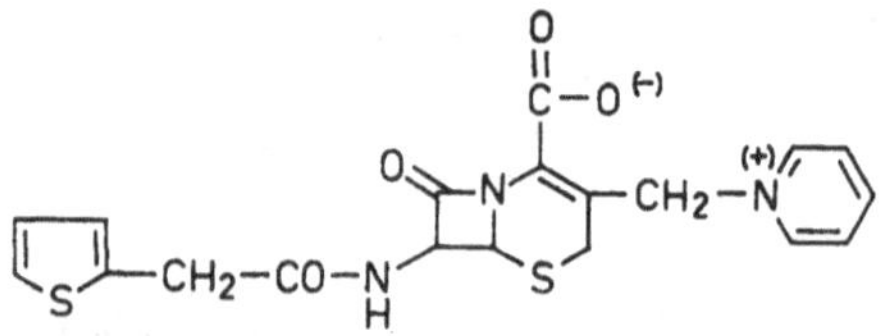

Zephaloridin

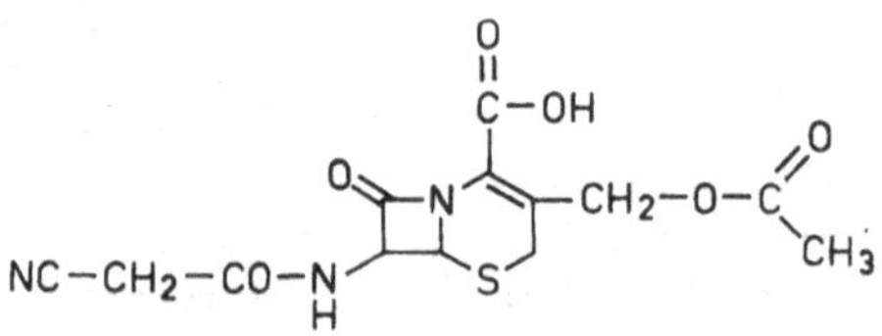

Zephazetril

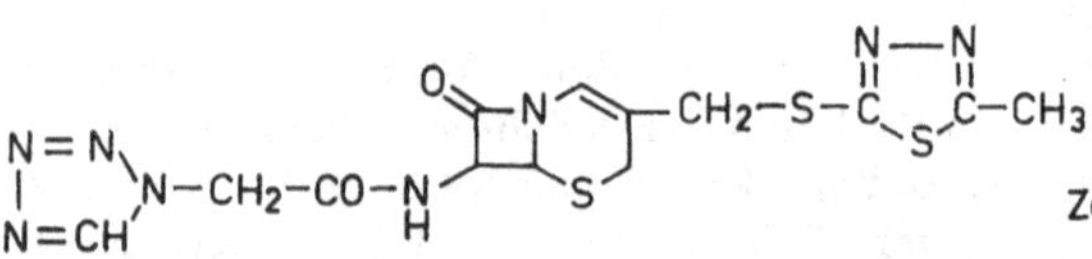

Zephazolin

Abb. 25. Klinisch verfügbare parenteral wirksame Zephalosporine

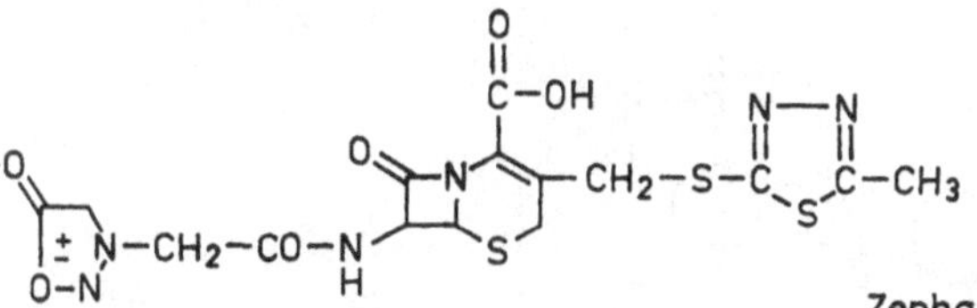

Zephanon

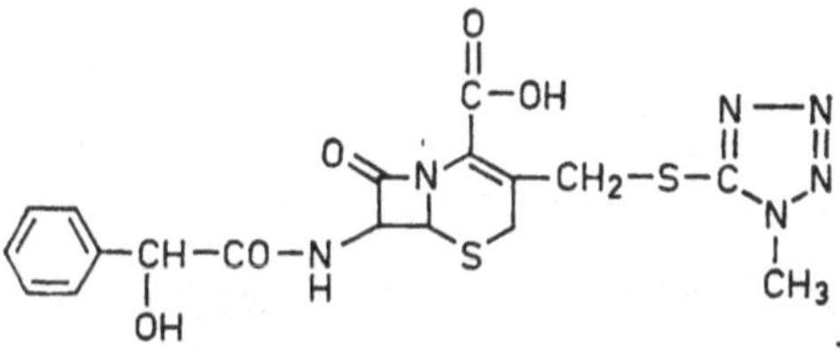

Zephamandol

Abb. 26. Weitere parenteral wirksame Zephalosporine

Die Herstellung der übrigen hier nicht angeführten Zephalosporine erfolgt in analoger Weise.

6.2.4.3. *Wirkung und Indikation*

Nachstehend werden die für die einzelnen Zephalosporine bekannten Wirkungsspektren, ihre Pharmakokinetik und Indikationen miteinander verglichen.

Zephalotin besitzt ein breites antibakterielles Spektrum. Es ist gegen eine Vielzahl grampositiver und gramnegativer Erreger wirksam. Dabei werden auch penizillinasebildende Staphylokokken erfaßt. Es wirkt ebenso wie die anderen Zephalosporine bakterizid. Nach der Applikation von Zephalotin sind hohe Nierengewebs- und Harnkonzentrationen nachweisbar. Es ist selbst bei sehr hoher Dosierung praktisch nicht toxisch. Es soll frei von nephrotoxischen Nebenwirkungen sein und kann deshalb risikolos urämischen Patienten verabfolgt werden. Mit Penizillinen ist keine generelle Kreuzallergie festgestellt worden.

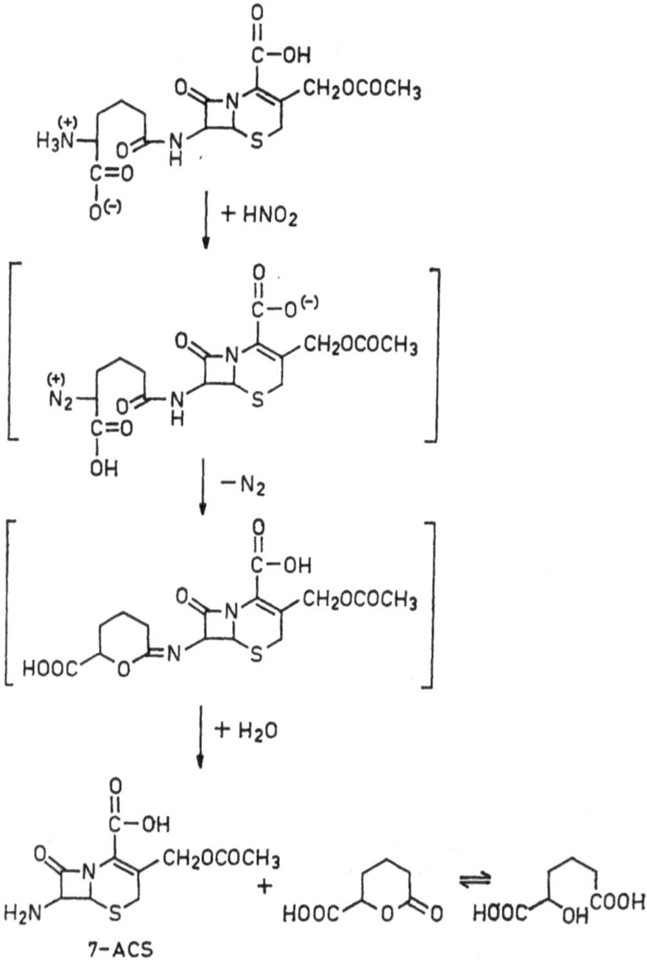

Abb. 27. Abbau von Zephalosporin C nach MORIN

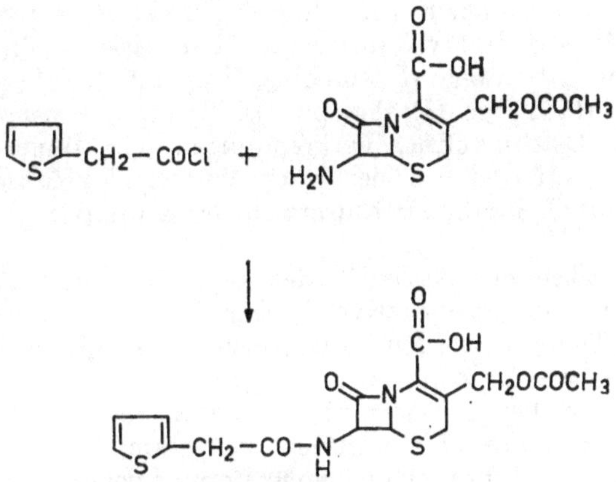

Abb. 28. Synthese von Zephalotin

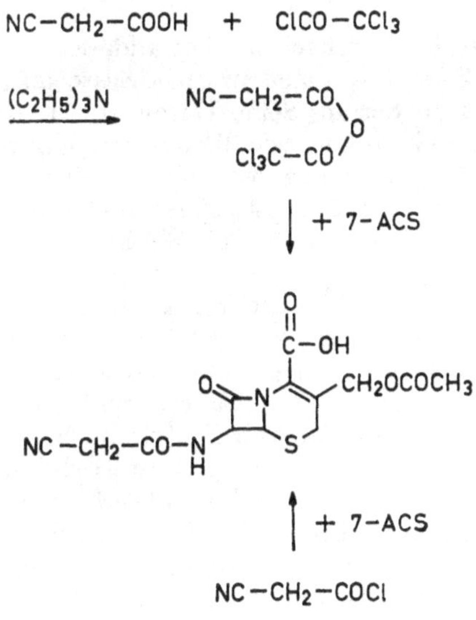

Abb. 29. Synthese von Zephazetril

Zephalotin ist indiziert bei schweren Infektionen, wie Sepsis, Endokarditis, Myokarditis und Meningitis, bei Infektionen der Atemwege (Pneumonie, Bronchitis), Infektionen der Harnwege (Pyelonephritis, Zystitis, Prostatitis) sowie Osteomyelitis, Verbrennungen und Wundinfektionen. Auf Grund seiner guten Verträglichkeit ist Zephalotin auch für einen Einsatz in der Pädiatrie geeignet.

Die antibakterielle Aktivität des Zephapirin umfaßt grampositive und gramnegative Erreger. Für seinen Einsatz in der Therapie werden im wesentlichen die gleichen Indikationen wie für Zephalotin angegeben.

Zephaloridin besitzt zwar eine hohe antibakterielle Aktivität gegenüber grampositiven und gramnegativen Erregern, hat darüber hinaus hohe Serumspiegel, eine akzeptable Halbwertszeit von 1,5 h, ein hohes Verteilungsvolumen, eine geringe Serumeiweißbindung, eine gute lokale Verträglichkeit, aber eine sehr ausgeprägte nephrotoxische Wirkung.

Zephazetril besitzt im Vergleich zu den anderen parenteral wirksamen Zephalosporinen die niedrigste antibakterielle Aktivität im Serum. Seine Halbwertszeit ist mit einer Stunde doppelt so lang wie die des Zephalotin. Die Serumeiweißbindung ist mit ca. 30% niedrig. Es wird eine außerordentlich gute Liquorgängigkeit und damit eine Anwendungsmöglichkeit auch bei Meningitis angegeben.

Zephazolin ist ein bakterizides Breitspektrumantibiotikum und zeichnet sich durch seine Wirkung auf eine große Anzahl grampositiver und gramnegativer Keime aus. Infektionen, die durch *Escherichia coli* und Klebsiellen verursacht werden, werden von Zephazolin besser beherrscht als von Zephalotin. Die Blutspiegelwerte liegen doppelt so hoch wie die des Zephaloridin und 4- bis 6mal höher als die des Zephalotin. Die Halbwertszeit wird mit etwa 2 h angegeben. Sie ist somit relativ lang. Die Eiweißbindung liegt bei 80% und ist die höchste von allen bekannten Zephalosporinen. Die Liquorgängigkeit ist sehr gering, die Nephrotoxizität geringer als die des Zephaloridin. Die lokale Verträglichkeit wird ebenfalls günstig beurteilt. Eingesetzt wird es vorzugsweise bei Harnwegsinfektionen, bei gynäkologischen Infektionen und bei bakterieller Endokarditis.

In Tab. 1 werden die beschriebenen Zephalosporine in einigen für die Beurteilung wichtigen Parametern miteinander verglichen.

Tabelle 1

Vergleich pharmakokinetischer und klinischer Daten ausgewählter Zephalosporine

	Zephaloridin	Zephalotin	Zephapirin	Zephazolin	Zephradin	Zephazetril
Antibakterielle Aktivität	+++	++	++	+++	+	++
Eiweißbindung [%]	10–20	65	45–55	85	6	40
Halbwertszeit [min]	90	30	45	120	45	60
Lokale Verträglichkeit	gut	schlecht	schlecht	gut	gut	schlecht
Nephrotoxizität	+++	+	+	++	++	++

6.2.5. *Oral wirksame Zephalosporine*

6.2.5.1. *Allgemeines und Chemie*

Die ersten in die Therapie eingeführten Zephalosporine (Zephalotin und Zephaloridin) hatten nur bei parenteraler Applikation die entsprechende Wirkung. Diese Tatsache war dafür entscheidend, daß nach Derivaten der 7-Aminozephalosporansäure gesucht wurde, die bei gleichem oder besserem Wirkungsspektrum auch oral appliziert werden können. Das erste Zephalosporin in dieser Richtung war das Zephaloglyzin, dessen *MHK*-Werte (Minimale Hemmkonzentration, im angelsächsischen Sprachgebiet auch *MIC* abgekürzt) für eine klinische Anwendung zu gering waren. Als erstes vollwertiges Erzeugnis wurde Zephalexin in Verkehr gebracht, das auch heute noch eine große Bedeutung besitzt. Es wurde später durch Zephradin, das sowohl oral als auch parenteral appliziert werden kann, ergänzt.

Die Strukturformeln der oral wirksamen Zephalosporine sind in Abb. 30 zusammengestellt. Während Zephaloglyzin und Zephradin durch Azylierung von 7-ACS hergestellt werden, wird Zephalexin technisch durch Ringerweiterung des Benzylpenizillins synthetisiert (siehe Abschn. 5.3.2.2. und Abb. 14).

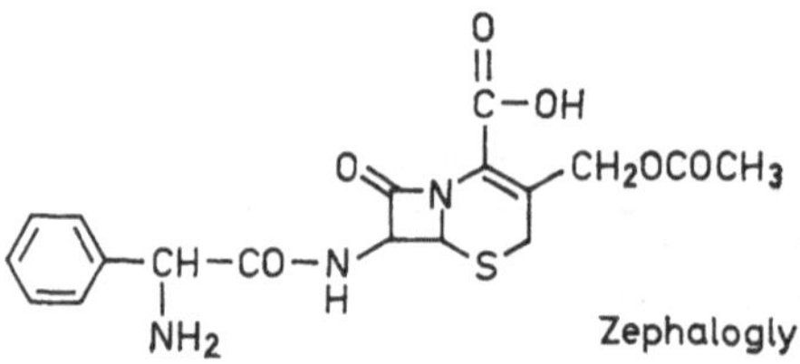

Zephaloglyzin

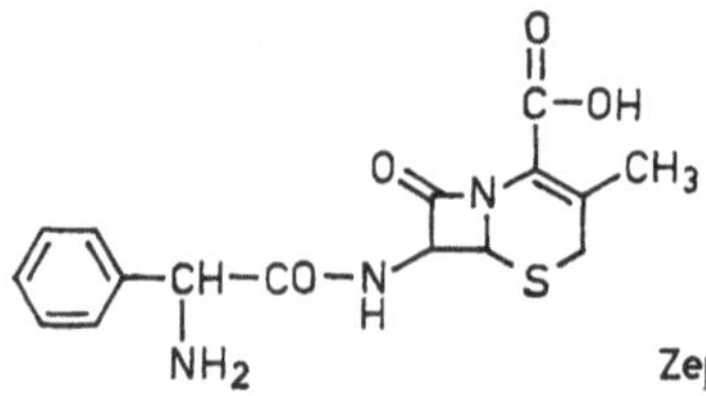

Zephalexin

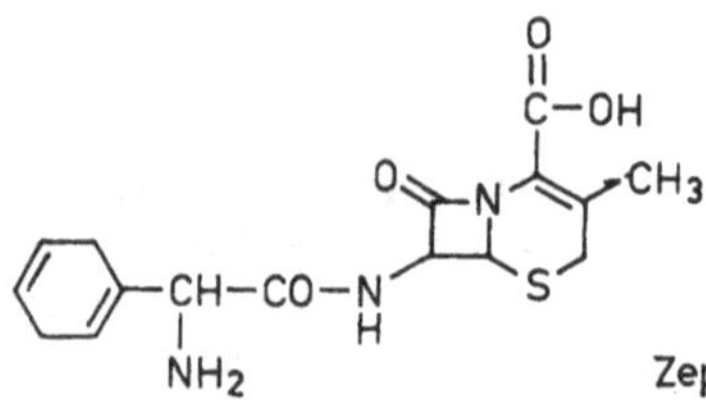

Zephradin

Abb. 30. Klinisch verfügbare oral wirksame Zephalosporine

6.2.5.2. *Wirkung und Indikation*

Zephaloglyzin besitzt auf Grund seiner niedrigen Resorptionsquote von 25% keine praktische Bedeutung mehr und wird deshalb bei den folgenden Ausführungen nicht berücksichtigt.

Zephalexin wirkt *in vitro* sowohl gegen grampositive als auch gegen gramnegative Erreger. Seine Wirkungsweise ist bakterizid. Das Wirkungsspektrum des Zephradin gleicht im wesentlichen dem des Zephalexin. Beide Zephalosporine sind relativ gut gegen Staphylokokken und Streptokokken wirksam, jedoch schwächer als beispielsweise Zephalotin. Sie sind nicht wirksam gegen Pseudomonas sowie die meisten Stämme von Aerobacter, Proteus und Klebsiella.

Nach oraler Gabe ist eine nahezu vollständige Resorption mit Blutspiegelmaxima nach 1 bis 2 h zu verzeichnen. Die Halbwertszeit beträgt beim Zephalexin 60 min und beim Zephradin 30 min. Die Eiweißbindung im Blut wird bei Zephalexin mit 12% und bei Zephradin mit 6% angegeben.

Beide Zephalosporinderivate werden bei bakteriellen Erkrankungen der Atem- und Harnwege sowie der Haut, die durch zephalosporinempfindliche Erreger verursacht werden, eingesetzt.

6.2.6. *Zephamyzine*

Vor einigen Jahren gelang es, aus *Streptomyces*-Kulturen eine neue Stoffklasse, die den Zephalosporinen sehr ähnlich ist, zu isolieren. Es handelt sich dabei um die Zephamyzinantibiotika, die am C-Atom 7 des Zephalosporingerüsts eine Methoxygruppe besitzen. Chemisch interessant sind die unterschiedlichen Seitenketten am C-Atom 3 (Abb. 31). Zu dieser neuen Verbindungsklasse gehört das Zephoxitin (Abb. 31) mit einer hohen Stabilität gegenüber β-Laktamasen.

7. Tetrazyklinantibiotika

7.1. *Allgemeines und Chemie*

Die Tetrazyklinantibiotika leiten sich von einer Grundstruktur ab, die aus vier linear angeordneten Sechsringen besteht, dem 1,4,4a,5,5a,6,11,12a-Oktahydronaphthazen,

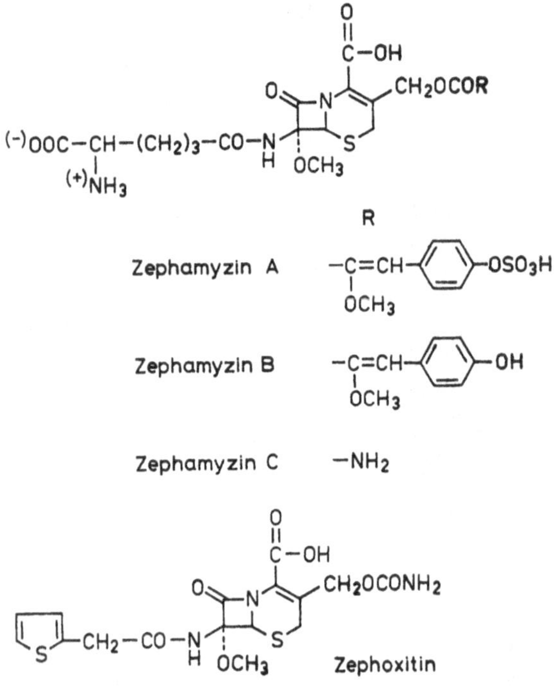

Abb. 31. Zephamyzine

dessen wichtigste in die Therapie eingeführten Derivate in Abb. 32 zusammengestellt sind.

Die Auffindung der beiden Antibiotika Penizillin und Streptomyzin hatte dazu geführt, daß weltweit in zahlreichen Laboratorien Erdproben mit dem Ziel untersucht wurden, neue Mikroorganismen zu finden, die Antibiotika produzieren können. So gelang es Duggar 1948, aus einer gelbfarbigen Kultur des Strahlenpilzes *Streptomyces aureofaciens* eine kristalline Substanz zu isolieren, die Aureomyzin genannt wurde und ein breites antibakterielles Spektrum besaß. Chemisch ist Aureomyzin Chlortetrazyklin. 1949 konnten Sobin, Finlay und Kane einen weiteren neuen Wirkstoff aus dieser Reihe isolieren. Es handelte sich dabei um Oxytetrazyklin (Terramyzin), das aus Kulturen von *Streptomyces rimosus* gewonnen wurde.

Ein weiteres Derivat, das Tetrazyklin, konnte durch katalytische Hydrierung des im Chlortetrazyklin befindlichen Chloratoms oder später auf fermentativem Wege hergestellt werden. Weitere chemische Abwandlungen waren wenig erfolgreich.

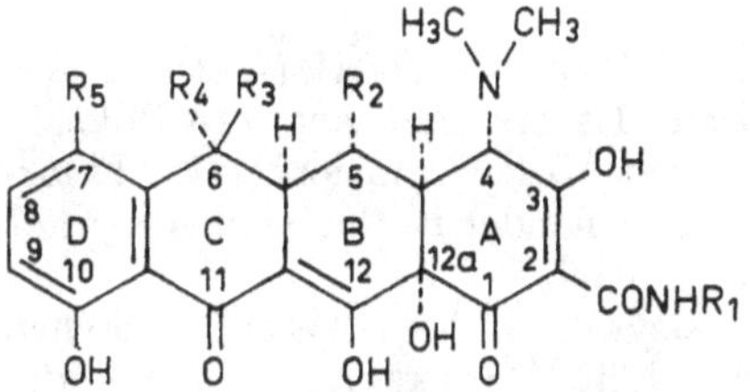

R_1	R_2	R_3	R_4	R_5	
H	H	OH	CH_3	Cl	Chlortetrazyklin
H	OH	OH	CH_3	H	Oxytetrazyklin
H	H	OH	CH_3	H	Tetrazyklin
H	OH	$CH_2=$		H	Methazyklin
H	OH	H	CH_3	H	Doxyzyklin
H	H	H	H	$N(CH_3)_2$	Minozyklin

Abb. 32. Tetrazykline

Die Tetrazykline sind gelbe, geruchlose, bitter schmeckende kristalline Substanzen und zeigen amphoteren Charakter.

Verbindungen ohne Methylgruppe am C-Atom 6 sind gegenüber Basen stabiler als solche Derivate, die in dieser Stellung eine Methylgruppe besitzen. Starke intramolekulare Wechselwirkungen bestehen zwischen den sauren Hydroxylgruppen der C-Atome 3, 10 und 12 und den benachbarten Karbonylgruppen. Sie führen zu einer starken Einschränkung der für diese Gruppierungen typischen

Reaktivität. Die 4-Dimethylamino- und die 12a-Hydroxygruppe können durch Reduktion entfernt werden.

Die Herstellung von Chlortetrazyklin, Oxytetrazyklin und Tetrazyklin erfolgt auf fermentativem Wege mit Hilfe spezieller Streptomyces-Stämme und durch Zugabe von Prekursoren.

Zur Aufarbeitung beispielsweise des Oxytetrazyklin wird ein Fällungsverfahren angewendet. Oxytetrazyklin bildet mit speziellen quartären Ammoniumbasen in Wasser schwer lösliche Verbindungen, die anschließend mit Hilfe von Säuren in die entsprechenden Salze überführt werden.

Methazyklin wurde 1961 durch Partialsynthese aus Oxytetrazyklin erhalten. Es entsteht aus 11a-Chlor-5-hydroxytetrazyklin durch Dehydratation mit Fluorwasserstoff und sich anschließender Enthalogenierung mit Hilfe milder Reduktionsmittel.

Ebenfalls auf partialsynthetischem Wege entstehen Doxyzyklin und Minozyklin. Doxyzyklin wird gebildet durch radikalische Addition von Thiolen an die 6-Methylendoppelbindung des Methazyklins und anschließende Entfernung des Schwefels mit Raney-Nickel. Minozyklin kann durch Reduktion der entsprechenden 7-Nitroverbindung erhalten werden.

Die Totalsynthese der Tetrazykline ist möglich, z. Z. jedoch technisch nicht durchführbar.

7.2. Wirkung und Indikation

Die Tetrazykline sind Breitbandantibiotika. Sie hemmen die mikrobielle Proteinsynthese durch Störung des Übertragungsmechanismus von Aminosäuren auf wachsende Polypeptidketten und wirken in therapeutischen Dosen prinzipiell bakteriostatisch. Sie sind nur im Vermehrungsstadium der Mikroorganismen wirksam. Die Tetrazykline gehören neben den Penizillinen zu den am meisten angewandten Antibiotika. Sie sind wirksam gegen grampositive und gramnegative Kokken und Bakterien, wie z. B. Streptokokken, Gonokokken, Meningokokken, Listerien, Bruzellen, Mykoplasmen, Rickettsien und manche Protozoen. Resistent verhalten sich Proteus und Pseudomonas.

Die einzelnen Tetrazykline unterscheiden sich weniger in ihrer antibakteriellen Aktivität als vielmehr in ihren pharmakokinetischen Eigenschaften. Sie sind sowohl oral als auch parenteral wirksam. Wichtige pharmakokinetische Daten wurden in Tab. 2 zusammengestellt.

Tabelle 2

Vergleich pharmakokinetischer Daten ausgewählter Tetrazykline

	1	2	3
Doxyzyklin	93	20–40	82–93
Tetrazyklin	77–80	20–50	55–64
Methazyklin	58	–	78
Oxytetrazyklin	58	ad 50	27–35
Chlortetrazyklin	25–30	> 50	55

1 = intestinale Resorption in %
2 = Ausscheidung mit den Faezes nach oraler Applikation in %
3 = Serumproteinbindung in %

Die Resorption ist bei oraler Gabe sehr unterschiedlich. Am günstigsten werden Doxyzyklin und Minozyklin beurteilt. Die Verweildauer im Gewebe ist kurz. In Knochen und Zähnen erfolgt eine Anlagerung auf Grund einer Komplexbildung mit dem Kalzium der Knochen, die in der Periode der Zahnbildung zur Gelbfärbung und Kariesanfälligkeit der Zähne führt. Daher sind Tetrazykline in der Schwangerschaft und bei Kindern bis zum 8. Lebensjahr kontraindiziert.

Bei oraler Gabe werden als Nebenwirkungen gastrointestinale Erscheinungen (Nausea, Erbrechen, Diarrhoen) beobachtet.

Weiterhin besteht die Gefahr von Superinfektion durch Überwuchern primär resistenter Keime (z. B. Staphylokokken).

Die Tetrazykline sind indiziert bei Infektionen der Atemwege, gastrointestinalen Infektionen, meningealen und chirurgischen Infektionen, Haut- und Weichteilinfektionen, Infektionen des Urogenitaltraktes, geburtshilflichen und gynäkologischen Infektionen, Augeninfektionen, Infektionen des *HNO*-Bereiches sowie generalisierten Infektionen, sofern sie durch tetrazyklinempfindliche Erreger verursacht werden.

8. Aminoglykosidantibiotika

8.1. Allgemeines

Die Gruppe der Aminoglykosidantibiotika, deren Bezeichnung ebenso wie bei den bisher beschriebenen Antibiotikagruppen auf ihre chemische Struktur zurückzuführen ist, umfaßt die seit langem bekannten und in die Therapie eingeführten Streptomyzin (1944), Neomyzin (1949), Kanamyzin (1957) und Paromomyzin (1959), die neueren Aminoglykoside Gentamyzin (1963), Tobramyzin (1967), Sisomizin (1970) sowie das neue halbsynthetische Amikazin (1972).

Die Aminoglykosidantibiotika wirken durch Blockade der ribosomalen Proteinsynthese bakterizid. Durch Verwirrung des genetischen Kodes der Erreger werden anormale unbrauchbare Proteine gebildet. Hinzu kommt eine Störung der Funktion der Zytoplasmamembran. Eine Kombination von Aminoglykosiden mit Zellwandsynthesehemmern, wie Penizillinen und Zephalosporinen besitzt synergistische Effekte.

Klinische Bedeutung haben die Aminoglykoside vor allem bei Infektionen mit gramnegativen Erregern erlangt, da für grampositive Erreger Antibiotika mit einer wesentlich größeren therapeutischen Breite zur Verfügung stehen. Der ganzen Aminoglykosidgruppe ist eine Nephro- und Ototoxizität eigen — allerdings in unterschiedlichem Ausmaß.

Zwischen den Aminoglykosidantibiotika besteht keine komplette Parallelresistenz. Die antibakterielle Wirksamkeit weicht nicht stark voneinander ab. Ähnlich ist ebenfalls die Pharmakokinetik. Die Aminoglykosidantibiotika verteilen sich in ca. 30% der Körpermasse, d. h. praktisch dem Extrazellulärraum. Die Eiweißbindung ist minimal. Die Halbwertszeit beträgt 90 bis 120 min (siehe auch Tab. 3).

Tabelle 3

Vergleich pharmakokinetischer Daten ausgewählter Aminoglykosidantibiotika

	Gentamyzin	Tobramyzin	Kanamyzin	Amikazin
Halbwertszeit [h]	2,00 ± 0,21	2,15 ± 0,10	2,07 ± 0,21	2,30 ± 0,39
Verteilungsvolumen [% KM]	30,8 ± 3,4	33,5 ± 1,4	26,4 ± 5,5	29,4 ± 5,8
Renale Ausscheidung [ml/min/1,73 m²]	109,8 ± 16,2	113,7 ± 4,5	84,2 ± 8,8	82,9 ± 15,5
Kumulative Urinausscheidung in 24 h (% der Dosis)	81	88	90	98

8.2. *Streptomyzin*

8.2.1. *Chemie*

Streptomyzin wurde 1943 von Waksman aus Kulturen von *Streptomyces griseus* isoliert. Die Strukturanalyse dieses Antibiotikums war sehr kompliziert. Sie führte zu der in Abb. 33 dargestellten Formel.

Streptomyzin besteht aus drei glykosidisch miteinander verknüpften Molekülteilen:

dem Aminozucker 2-N-Methylglukosamin
dem Monosaccharid Streptose und
dem Tetrahydroxyzyklohexan-Derivat Streptidin.

Vereinfachend kann Streptomyzin als Trisaccharid bezeichnet werden.

Da eine Langzeitbehandlung mit Streptomyzin zu Schädigungen führt, wurde versucht, durch chemische

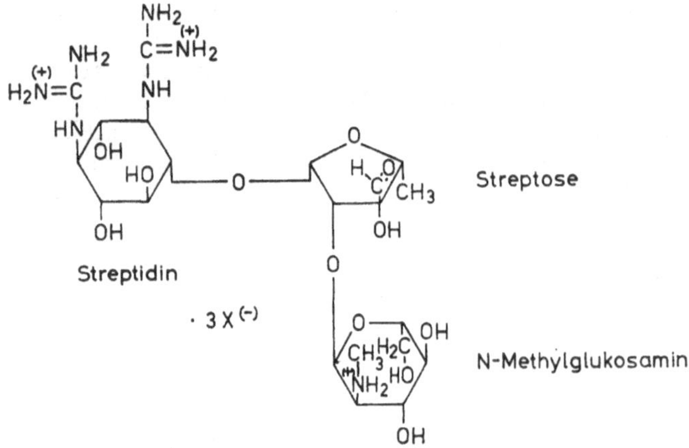

Abb. 33. Streptomzyin

Änderungen der Struktur das Streptomyzin in weniger toxische Verbindungen zu überführen. In nahezu allen Fällen ging bei der Derivatbildung die antibiotische Wirkung verloren. Lediglich das Dihydrostreptomyzin, bei dem die Aldehydgruppe der Streptose in eine sekundäre Alkoholgruppe überführt ist, besitzt annähernd die gleiche Wirkung wie das Streptomyzin selbst. Es ist jedoch toxischer als das Streptomyzin, und bei seiner Anwendung sind besondere Vorsichtsmaßregeln zu beachten. Heute ist Dihydrostreptomyzin obsolet.

Chemisch ist Streptomyzin eine Base, die mit drei Äquivalenten Säure annähernd neutrale Salze bildet. Das wichtigste Salz ist das Sulfat.

Technisch wird Streptomyzin auf fermentativem Wege ähnlich wie Penizillin gewonnen. Eingesetzt werden im wesentlichen besonders herausgezüchtete und selektierte Stämme von *Streptomyces griseus*. Eine erhebliche Gefahr bildet bei der Produktion ein Befall mit Phagen, da eine solche Infektion nur schwer zu bekämpfen ist. Es gelang jedoch in den zurückliegenden Jahren, aktinophagenresistente Stämme zu entwickeln, die Streptomyzin produzieren. Nach 4- bis 7tägiger Laufzeit werden in der Kulturlösung 12000 mcg Streptomyzinbase/ml und mehr gebildet.

Die Isolierung des Streptomyzins aus der Kulturlösung erfolgt in der Regel mit Hilfe von schwach sauren Kationenaustauschern. Das Antibiotikum wird mit Säure eluiert, die Rohlösung entfärbt, eingeengt und von Salzen befreit. Die Fällung von Streptomyzinsulfat erfolgt mit Hilfe von Methanol oder Äthanol. Zum Trocknen werden Walzen- oder Sprühtrocknung oder gegebenenfalls eine Lyophilisierung eingesetzt.

8.2.2. Wirkung und Indikation

Die wichtigsten gegen Streptomyzin empfindlichen pathogenen Keime sind Mykobakterien, Pasteurellen, Bruzellen, Haemophilen, Salmonellen, Klebsiellen und Shigellen. Völlig resistent sind Klostridien, Bakteroides und Rickettsien.

Die Hauptindikation für Streptomyzin ist die Kombinationsbehandlung der Tuberkulose, bei der neben Streptomyzin auch andere Tuberkulostatika zur Anwendung kommen. In Kombination mit Penizillin wird es bei bakterieller Endokarditis eingesetzt.

Die medizinische Fachliteratur weist auf bedeutende Nebenwirkungen des Streptomyzin hin. Die wohl schwerwiegendste Nebenwirkung ist das Auftreten von Innenohrschäden; es wird deshalb auf regelmäßige audiometrische Kontrolluntersuchungen des Patienten verwiesen. Bei den ersten Anzeichen von Gleichgewichtsstörungen oder Störungen der Hörfunktion ist Streptomyzin sofort abzusetzen. Die Nephrotoxizität bzw. die Kumulationsgefahr bei bereits bestehender Niereninsuffizienz müssen ebenfalls bei der Therapie beachtet werden. In der Gravidität darf es nur bei vitaler Indikation appliziert werden, da es zur Schwerhörigkeit des Kindes kommen kann. Auch allergische Reaktionen, die sich als Eosinophilie und Exanthem äußern können, treten relativ häufig auf.

8.3. *Neomyzin*

8.3.1. *Chemie*

Neomyzin wurde 1949 von WAKSMAN und LECHEVALIER aus dem Kulturfiltrat von *Streptomyces fradite* als basisches, wasserlösliches Oligosaccharidgemisch isoliert. Dieses Gemisch enthält drei Hauptkomponenten A, B und C. Dabei ist Neomyzin A ein gemeinsames Abbauprodukt der isomeren Neomyzine B und C. Die Strukturformeln sind in Abb. 34 zusammengestellt. Es bestehen strukturelle Ähnlichkeiten zum Paromomyzin und den Kanamyzinen (siehe Abschn. 8.4. und 8.5.). Die biologische Wirksamkeit des Neomyzin B ist wenig höher als die des Neomyzin C. Neomyzin A besitzt 10% der Wirksamkeit des Neomyzin B. Handelsübliches Neomyzin besteht zu 90% aus Neomyzin B und zu 10% aus Neomyzin C.

Der Fermentationsprozeß für die Herstellung der Neomyzine entspricht weitgehend dem der anderen auf fermentativem Wege zugänglichen Antibiotika. In etwa 150 bis 175 h Fermentationszeit entstehen pro m*l* 9000 bis 14000 µg. Abweichungen treten bei der Isolierung und Reinigung auf. Sie sind durch das sich bei der Fermentation bildende Gemisch begründet. Die besten Ausbeuten und die reinsten Präparate werden durch Adsorption des Neomyzin an Ionenaustauschern (Amberlite oder Duolite) erhalten. Während das Neomyzin A durch konventionelle Kristallisation aus dem Dreikomponentengemisch abgetrennt werden kann, erfolgt die Trennung der Komponenten B und C an Kationenaustauschern. Die Feinreinigung wird mit Hilfe von A-Kohle und/oder Fällungsverfahren durchgeführt

8.3.2. *Wirkung und Indikation*

Das Wirkungsspektrum des Neomyzin umfaßt vor allem gramnegative Bakterien einschließlich Salmonellen und Shigellen, zum Teil auch *Proteus*-Arten, *Escherichia coli*

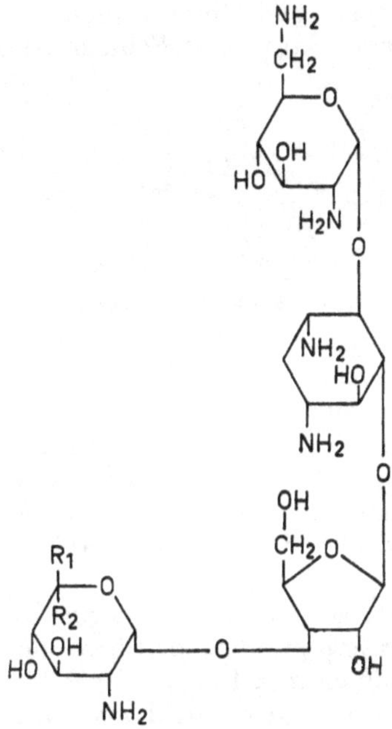

R_1	R_2	
$-H$	$-CH_2-NH_2$	Neomyzin B
$-CH_2-NH_2$	$-H$	Neomyzin C

Abb. 34. Neomyzine

und Staphylokokken-Stämme. Resistent sind Streptokokken und Enterokokken. Mit Kanamyzin und Paromomyzin besteht eine komplette Parallelresistenz, teilweise auch mit Streptomyzin und Gentamyzin.

Seine Wirkungsweise ist bakterizid. Auf Grund einer hohen Oto- und Nephrotoxizität ist eine parenterale Anwendung nicht zu empfehlen. Bei lokaler Anwendung können an der Haut allergische Effekte auftreten.

Neomyzin wird nach oraler Gabe praktisch nicht resorbiert. Es eignet sich daher besonders zur Bekämpfung von Infektionen des Verdauungstraktes. In Form von

Pudern, Salben, Sprays, Augen- und Ohrentropfen wird Neomyzin bei oberflächlichen Haut- und Schleimhautinfektionen eingesetzt.

8.4. Paromomyzin

8.4.1. Chemie

Paromomyzine wurden von Coffey bzw. Haskell und Mitarbeitern aus Kulturlösungen von *Streptomyces rimosus forma paromomycinus* isoliert. Sie werden auch von anderen *Streptomyces*-Arten gebildet.

Paromomyzin ist nicht einheitlich; es besteht aus mindestens sechs Komponenten. Im folgenden wird die wichtigste in Arzneimitteln vorhandene Substanz des Paromomyzin-Komplexes behandelt. Ihre Struktur ist in Abb. 35 wiedergegeben.

Das basische Antibiotikum ist ein Oligosaccharid, das aus D-Glukosamin, 2-Desoxystreptamin, D-Ribose und einer 2,6-Didesoxy-2,6-diaminohexose besteht. Es bildet mit Säuren, z. B. Schwefelsäure, Salze, wird als Sulfat eingesetzt und ist als solches gut wasserlöslich.

8.4.2. Wirkung und Indikation

Das antibiotische Wirkungsspektrum des Paromomyzin entspricht weitgehend dem des Neomyzin. Es umfaßt grampositive und gramnegative Bakterien. Da es im Verdauungstrakt nur mäßig resorbiert wird, kann es speziell bei Darmerkrankungen eingesetzt werden. Es wird oral angewendet.

Paromomyzin ist besonders indiziert bei akuten Enteritiden. Die Stühle normalisieren sich schon nach 36 h. Weiterhin kann mit Hilfe von Paromomyzin die Keimzahl des Darmes gemindert werden. An Nebenwirkungen treten die bei der Applikation von Aminoglykosiden üblichen Erscheinungen auf.

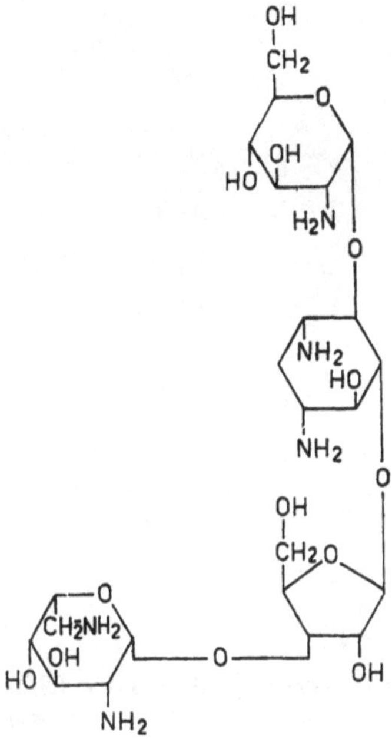

Abb. 35. Paromomyzin

8.5. *Kanamyzin*

8.5.1. *Chemie*

Kanamyzin wurde 1957 in Japan aus Kulturlösungen des Strahlenpilzes *Streptomyces kanamyceticus* isoliert. Neben dem wichtigsten und therapeutisch eingesetzten Kanamyzin A enthält das rohe Kanamycin noch Kanamycin B und C. Die B-Komponente ist wesentlich toxischer als das Kanamyzin A (Abb. 36); aus diesem Grunde wird die Fermentation so geführt, daß als Hauptkomponente Kanamyzin A gebildet wird. 2-Desoxy-streptamin ist glykosidisch mit 3-D-Glukosamin und mit 6-D-Glu-

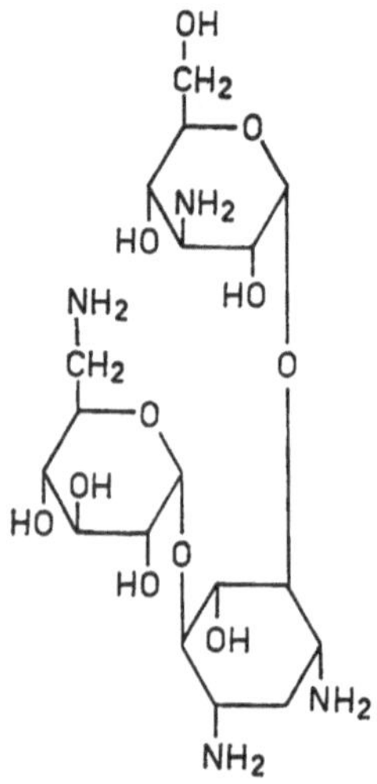

Abb. 36. Kanamyzin A

kosamin verbunden. Die Kanamyzine bilden Salze (Sulfate). Sie werden über Kationenaustauscher aus der Kulturlösung isoliert.

8.5.2. *Wirkung und Indikation*

Das Wirkungsspektrum von Kanamyzin umfaßt gramnegative Bakterien und Kokken (*Haemophilus*-Arten, Bruzellen, *Proteus sp.*, Neisseria), grampositive Bakterien und Kokken (insbesondere Staphylokokken) und Tuberkelbakterien. Resistent sind Streptokokken, *Pseudomonas aeruginosa*, Clostridien. Parallelresistenz besteht zwischen Kanamyzin, Neomyzin und Paromomyzin.

Im Darm wird Kanamyzin kaum resorbiert. Es wird daher parenteral appliziert. Die Halbwertszeit liegt bei 2,5 h.

Eine Serumeiweißbindung ist praktisch nicht vorhanden. Die Ausscheidung erfolgt bis zu 80% durch die Nieren. Bei länger dauernder Anwendung von Kanamyzin können sich irreversible Ototoxizität und Nephrotoxizität bemerkbar machen. Eingesetzt wird Kanamyzin vorzugsweise bei schwer beeinflußbaren Proteus-Infektionen und in Ausnahmefällen bei Tuberkulose. Kanamyzin ist schwächer wirksam und erheblich toxischer als Streptomyzin.

8.6. *Gentamyzin*

8.6.1. *Chemie*

Das basische Aminoglykosidantibiotikum Gentamyzin wurde 1963 aus Kulturlösungen von *Micromonospora purpurea* und *Micromonospora echinospora* gewonnen. Therapeutisch wird in der Regel ein Gentamyzin eingesetzt, das 70% der C_1- und 30% der C_2-Komponente enthält. Abb. 37 zeigt die Strukturformel des Gentamyzin-Komplexes.

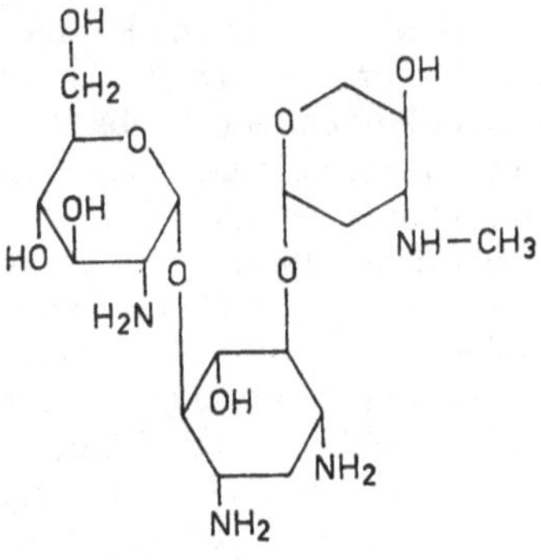

Abb. 37. Gentamyzin A

8.6.2. *Wirkung und Indikation*

Gentamyzin wirkt bakterizid gegen eine Vielzahl klinisch bedeutsamer grampositiver und gramnegativer Erreger. Sein antibakterielles Spektrum umfaßt *Escherichia coli*, *Proteus*-Arten, Klebsiellen, Enterobakter, Bruzellen, Salmonellen, Shigellen, Pseudomonas, die meisten grampositiven Kokken und Klostridien. Es entspricht somit einem Breitbandantibiotikum.

Ebenso wie andere Aminoglykosidantibiotika hemmt Gentamyzin die Proteinsynthese. Gentamyzinresistente Erreger sind auch gegenüber Neomyzin, Kanamyzin und Streptomyzin unempfindlich. Dagegen können Keime, die gegen diese Antibiotika resistent sind, gegenüber Gentamyzin empfindlich sein.

Gentamyzin wird im Magen-Darm-Kanal praktisch nicht resorbiert. Es wird deshalb parenteral appliziert. Nach der Injektion ist die maximale Serumkonzentration nach 30 bis 90 min erreicht; bakterizid wirksame Konzentrationen bleiben 6 bis 8 h erhalten. Gentamyzin ist nach der Applikation im Harn, im Gewebe, im Serum und in der Lymphe nachweisbar. Die Serum-Halbwertszeit beträgt 1 bis 1,5 h, die reversible Eiweißbindung des Gentamyzin ist konzentrationsabhängig und wird mit 25 bis 30% angegeben.

Gentamyzin ist weniger toxisch als Neomyzin, Streptomyzin und Kanamyzin. Jedoch können zuweilen auch hier ototoxische und nephrotoxische Schäden beobachtet werden. Schwindelgefühl und Brechreiz sind erste Anzeichen einer beginnenden toxischen Wirkung.

Gentamyzin ist indiziert bei Infektionen, die durch gramnegative Erreger verursacht werden und bei Keimen, die gegenüber anderen Antibiotika resistent sind. Dazu gehören Infektionen der Harn- und Atemwege, Sepsis, insbesondere nach schweren Wundinfektionen und Unfallverletzungen, Infektionen des Magen-Darm-Traktes, der Knochen und Weichteile (Verbrennungen mit Sekundärinfektionen) sowie Infektionen am Auge.

8.7. Tobramyzin

8.7.1. Chemie

1967 gelang aus der Kulturlösung von *Streptomyces tenebrarius* die Isolierung eines Aminoglykosidkomplexes (Nebramyzin), der aus sieben Faktoren bestand (1, 1′, 2,

3, 4, 5, 6). Der Faktor 6 wies die günstigste antibakterielle Aktivität aus und wird seit 1970 als Tobramyzin bezeichnet. Seine Konstitution wird in Abb. 38 wiedergegeben. Tobramyzin bildet Salze; es wird in Form des Sulfats appliziert.

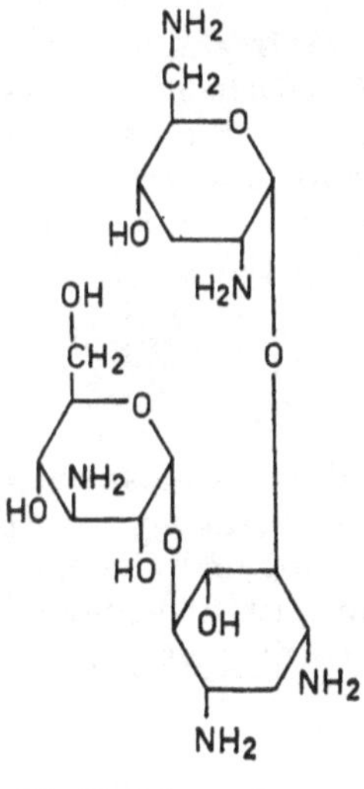

Abb. 38. Tobramyzin

8.7.2. *Wirkung und Indikation*

Das Wirkungsspektrum von Tobramyzin umfaßt eine Vielzahl gramnegativer Erreger, wie *E. coli*, Klebsiellen, Proteus, Pseudomonas, Salmonellen und Shigellen sowie die grampositiven Staphylokokken und Enterokokken. Zwischen Tobramyzin und anderen Aminoglykosidantibiotika besteht keine komplette Parallelresistenz. Eine Inaktivierung durch Bakterienenzyme ist am Tobramyzinmolekül nur an vier Stellen möglich, während sie beispielsweise beim Gentamyzin an sechs Stellen beschrieben wurde.

Eine Serumeiweißbindung des Tobramyzins konnte nicht festgestellt werden. Die Halbwertszeit liegt bei 2 h. Die Elimination erfolgt vorwiegend durch glomeruläre Filtration. Tobramyzin wird ausschließlich parenteral verabreicht. Seine Nebenwirkungen sind mit denen anderer Aminoglykosidantibiotika vergleichbar (Oto- und Nephrotoxizität).

Therapeutisch wird Tobramyzin bei Infektionen des Respirationstraktes, der Haut, der Knochen und des Weichteilgewebes, des Urogenitaltraktes sowie des *ZNS* (einschließlich der Meningitis) und Sepsis erfolgreich eingesetzt. Günstig beurteilt wird eine Kombinationstherapie mit Tobramyzin und Zephalosporinen.

8.8. Sisomizin

8.8.1. Chemie

Sisomizin ist ein relativ neues Aminoglykosidantibiotikum, das aus Kulturlösungen der Actinomyces-Art *Micromonospora inyoensis* gewonnen wird und chemisch der Gentamyzinkomponente C 1a ähnlich ist. Seine Struktur ist der Abb. 39 zu entnehmen. Sisomizin liegt gewöhnlich als Sulfat vor.

8.8.2. Wirkung und Indikation

Sisomizin umfaßt grampositive und gramnegative Erreger, einschließlich gramnegativer „Problemkeime" wie *Escherichia coli*, *Pseudomonas aeruginosa*, *Proteus sp.* und Staphylokokken. Seine Wirkungsweise ist bakterizid. Hinsichtlich der Pharmakokinetik gleicht es dem Gentamyzin. Eine Serumeiweißbindung findet unter physiologischen Verhältnissen nicht statt. Die Ausscheidung erfolgt unverändert vorwiegend über die Nieren. Oto- und nephrotoxische Erscheinungen wurden ebenso wie bei den anderen Aminoglykosidantibiotika beobachtet. Gute therapeutische Ergebnisse liegen über den Einsatz von Sisomizin bei Infektionen der Niere und der ableitenden Harnwege vor. Ebenso vorteilhaft einsetzbar ist Sisomizin

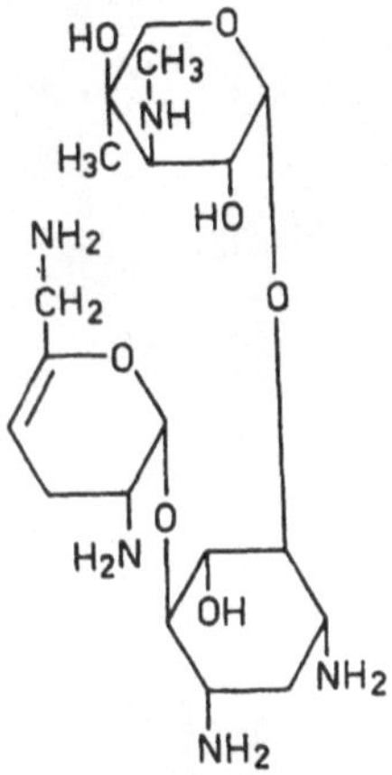

Abb. 39. Sisomizin

bei gastrointestinalen und hepatobiliären Infektionen, sowie bei Peritonitis, Infektionen der Haut, der Weichteile und der Knochen sowie des Respirationstraktes. Eine hohe Erfolgsquote wurde auch bei Sepsis ausgewiesen.

Der Einsatz von Sisomizin soll ebenso wie der von Gentamyzin und Tobramyzin nur bei strenger Indikationsstellung unter Beachtung des Antibiogramms erfolgen. Diese Aminoglykoside werden in der Praxis als Reserveantibiotika angesehen.

8.9. Amikazin

8.9.1. Chemie

Amikazin ist das erste halbsynthetische Aminoglykosidantibiotikum, das klinische Bedeutung erlangte. Es kann vom Kanamyzin A abgeleitet werden. Seine chemische Struktur ist in Abb. 40 wiedergegeben. Bei der chemischen Synthese wird Kanamyzin A an der am C-Atom 1 befindlichen Aminogruppe mit L(—)-γ-Amino-α-hydroxybuttersäure azyliert.

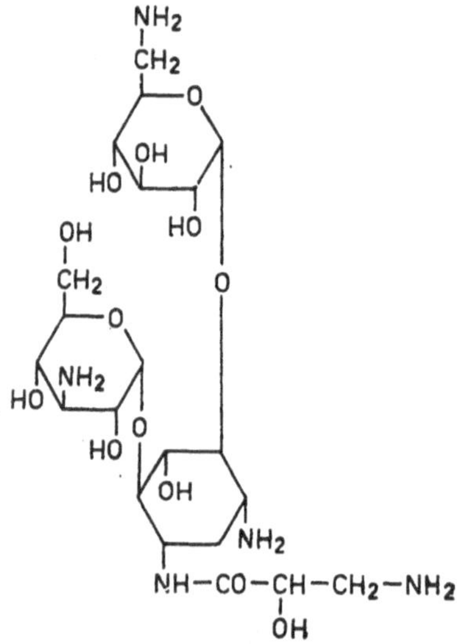

Abb. 40. Amikazin

8.9.2. Wirkung und Indikation

Amikazin hat das gleiche Wirkungsspektrum und weitgehend ähnliche pharmakokinetische Eigenschaften wie die anderen neueren Aminoglykosidantibiotika. Seine antibakterielle Aktivität ist geringer. So liegen die durchschnittlichen minimalen Hemmkonzentrationen gegenwärtig etwa doppelt so hoch wie beispielsweise diejenigen des Gentamyzins.

Der große Vorteil des Amikazins liegt darin, daß es auf Grund der chemischen Veränderungen am ursprünglichen Kanamyzin-Molekül den von resistenten Erregern gebildeten inaktivierenden Enzymen kaum noch Angriffspunkte bietet. Amikazin kann also bei schweren Infektionen durch gramnegative Erreger — Pseudomonas, Proteus, Klebsiellen, Shigellen, Salmonellen, *E. coli* —, die auch gegenüber den neueren Aminoglykosidantibiotika bereits resistent sind, noch mit sehr gutem Erfolg eingesetzt werden.

Die für Aminoglykosidantibiotika charakteristische Oto- und Nephrotoxizität ist beim Amikazin pro Gewichtseinheit zwar geringer, da die Dosierung jedoch entsprechend höher gewählt werden muß, wird dieser Vorteil nicht wirksam. Sorgfältige audiometrische und urologische Überwachung der Patienten ist ebenso unerläßlich wie bei der Therapie mit den anderen bereits beschriebenen Aminoglykosidantibiotika.

8.10. Spektinomyzin

8.10.1. Chemie

Spektinomyzin ist auf Grund seiner Struktur ein Aminozyklitolantibiotikum (Abb. 41) und kann nur bedingt in die Gruppe der Aminoglykoside eingeordnet werden. Es wird als Dihydrochloridpentahydrat galenisch verarbeitet. Das hat gegenüber dem früher gebräuchlichen Sulfat den Vorteil der besseren Wasserlöslichkeit, so daß es i.m. in sehr viel kleineren Flüssigkeitsvolumina injiziert werden kann.

Spektinomyzin wurde 1961 aus Kulturfiltraten von *Streptomyces spectabilis* isoliert.

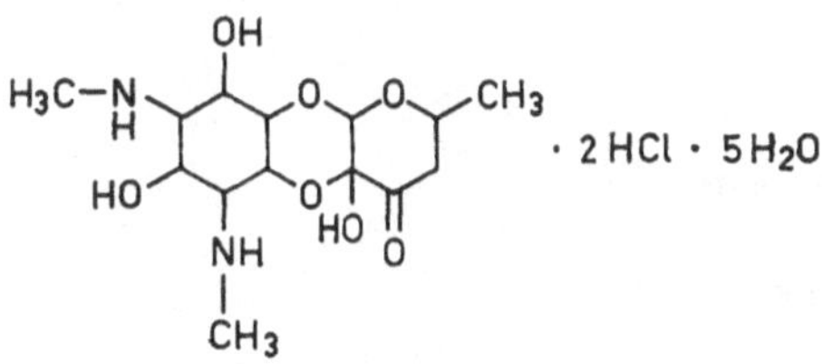

Abb. 41. Spektinomyzin

8.10.2. Wirkung und Indikation

Das Wirkungsspektrum des Spektinomyzin umfaßt vorwiegend gramnegative Keimarten. Insbesondere werden die günstigen Hemmwerte gegenüber *Neisseria gonor-*

rhoeae hervorgehoben. Aus diesem Grunde wird Spektinomyzin in erster Linie für einen Einsatz zur Gonorrhoe-Behandlung empfohlen. Der Wirkungsmechanismus ist der gleiche wie bei den eigentlichen Aminoglykosidantibiotika: Hemmung der Proteinsynthese in den Ribosomen der Bakterienzelle. Die den Aminoglykosidantibiotika eigenen schweren Nebenwirkungen sind jedoch beim Spektinomyzin nicht zu verzeichnen.

Nach oraler Applikation des Spektinomyzins ist keine Resorption nachweisbar, daher ist nur eine parenterale Anwendung möglich. Bisher sind keine Fälle von Allergie oder Anaphylaxie beschrieben worden. Die Eiweißbindung ist gering. Die Halbwertszeit wird mit 2 bis 4 h angegeben. Die Ausscheidung erfolgt zu 75% renal durch glomeruläre Filtration. 25% werden metabolisiert.

Spektinomyzin ist ein optimales Antibiotikum zur Gonorrhoe-Therapie, da viele Neisseria-Stämme gegen das sonst bei dieser Indikation übliche Penizillin G bereits resistent sind und durch die erforderliche hohe Dosierung von Penizillin G die Gefahr von Anaphylaxien erheblich ist.

Bemerkenswert ist beim Spektinomyzin die fehlende Wirkung bei gleichzeitig bestehender Syphilis, die dadurch nicht wie bei einer Behandlung mit Penizillin G maskiert wird.

9. Makrolidantibiotika

9.1. Allgemeines

Die Makrolidantibiotika haben einen aus einem vielgliedrigen Laktonring, einem basischen Aminozucker und aus Neutralzuckern bestehenden charakteristischen strukturellen Aufbau. Erythromyzin, Oleandomyzin, Tylosin und Josamyzin sind die wichtigsten Vertreter dieser Gruppe.

9.2. *Erythromyzin*

9.2.1. *Chemie*

Erythromyzin — 1952 erstmals isoliert — wird auf fermentativem Wege mit Hilfe des Strahlenpilzes *Streptomyces erythreus* gewonnen. Therapeutische Anwendung findet die Komponente Erythromyzin A, die in Mengen unter 2% von den Komponenten B und C begleitet wird (Abb. 42).

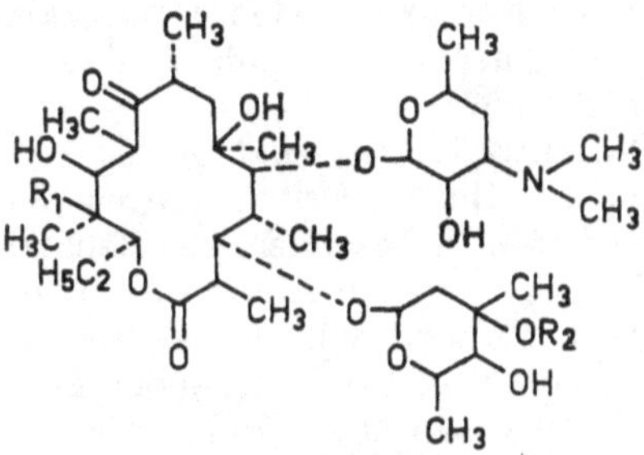

Erythromyzin	R_1	R_2
A	OH	CH_3
B	H	CH_3
C	OH	H

Abb. 42. Erythromyzine

Die basische Dimethylaminogruppe des Desosamins erlaubt eine Salzbildung. So wird beispielsweise das D-Glukoheptonat bzw. Laurylsulfat zur Therapie eingesetzt.

9.2.2. *Wirkung und Indikation*

Erythromyzin besitzt ein breites antibakterielles Spektrum, das überwiegend grampositive Erreger umfaßt. Dazu gehören Staphylokokken, Streptokokken, Pneumokokken, *Corynebacterium diphth.*, Clostridien sowie die gramnegativen Meningokokken und Gonokokken. Es ist unwirksam gegen gramnegative Erreger wie *Escherichia coli*, *Klebsiella pneumoniae*, *Proteus vulgaris*, Salmonellen und Shigellen, Parallelresistenz besteht zwischen den Makrolidantibiotika und zu Linkomyzin.

Erythromyzin wirkt bakteriostatisch durch Hemmung der Proteinsynthese der Bakterien. Es kann sowohl oral als auch parenteral appliziert werden. Die Halbwertszeiten liegen nach oraler Gabe zwischen 2 und 3 h. Die Eiweißbindung im Serum wird mit 40 bis 60% angegeben. Erythromyzin wird zu etwa 20 bis 30% in antibakteriell wirksamer Form mit der Galle ausgeschieden. Nach oraler Gabe wird es zu 2 bis 8%, nach i.v.-Applikation zu 12 bis 15% mit dem Urin eliminiert.

Die beobachteten Nebenwirkungen sind gering. Gelegentlich kommt es zu intestinalen Erscheinungen und Hepatopathien. Erythromyzin ist besonders zur Behandlung von Patienten, die gegen andere Antibiotika überempfindlich sind, geeignet. Es wird dann bei akuten Infektionen des Respirationstraktes, bei bestehender Penizillin-Allergie auch bei Scharlach und Diphtherie eingesetzt.

9.3. *Oleandomyzin*

9.3.1. *Chemie*

Oleandomyzin wurde 1954 aus Kulturen von *Streptomyces antibioticus* isoliert. Es besitzt die in Abb. 43 wiedergegebene Struktur mit dem für Makrolidantibiotika charakteristischen vielgliedrigen Ring.

9.3.2. *Wirkung und Indikation*

Das Wirkungsspektrum des Oleandomycin gleicht dem des Erythromyzin. Es ist insbesondere gegenüber grampositiven Bakterien wirksam und verursacht eine rasche Resistenzentwicklung. Partielle Parallelresistenz besteht mit Erythromyzin. Oleandomyzin wirkt bakteriostatisch.

Nach oraler Gabe von Oleandomyzin ist eine gute Resorption zu verzeichnen. Die Halbwertszeit liegt bei 2

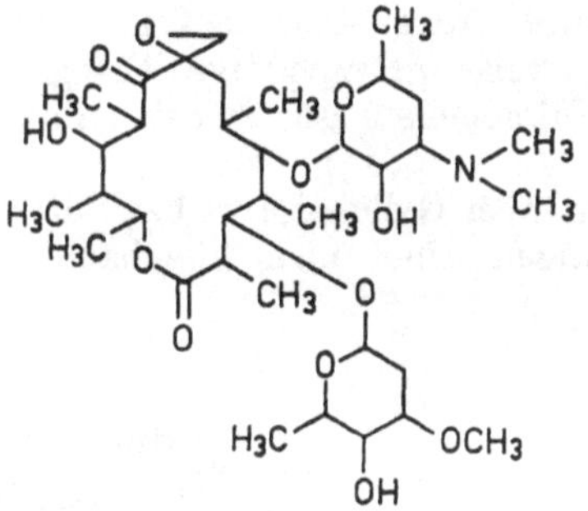

Abb 43. Oleandomyzin

bis 3 h. Die Ausscheidung erfolgt zu 30% über die Galle, mit dem Urin nach oraler Applikation zu etwa 10 bis 12% und nach i.v. Verabreichung zu etwa 20%. Nebenwirkungen sind kaum festgestellt worden. Es wurde früher als Staphylokokken-Antibiotikum eingesetzt und ist jetzt durch die penizillinasefesten Penizilline verdrängt worden. Oleandomyzin wird dann eingesetzt, wenn eine Penizillin-Allergie vorliegt.

9.4. *Tylosin*

9.4.1. *Chemie*

Tylosin ist ein weiteres, 1962 auf dem Markt erschienenes Makrolidantibiotikum, das durch Fermentation eines Produktionsstammes des Strahlenpilzes *Streptomyces fradiae* gewonnen wird.

Seine komplizierte Struktur kann der Abb. 44 entnommen werden. Tylosin ist ein schwach basisches Antibiotikum.

9.4.2. *Wirkung und Indikation*

Tylosin wirkt durch Hemmung der Proteinsynthese bakteriostatisch, in höheren Konzentrationen bakterizid. Es besitzt eine hervorragende Wirkung gegenüber Mykoplasmen und speziellen Spirochätenarten. Sein Wirkungsspektrum umfaßt vorzugsweise grampositive Erreger. Gegenüber *E. coli* und Salmonellen ist Tylosin nicht wirksam.

Die Ausscheidung erfolgt über Galle—Darm bzw. über die Nieren. Nebenwirkungen sind nicht beobachtet worden.

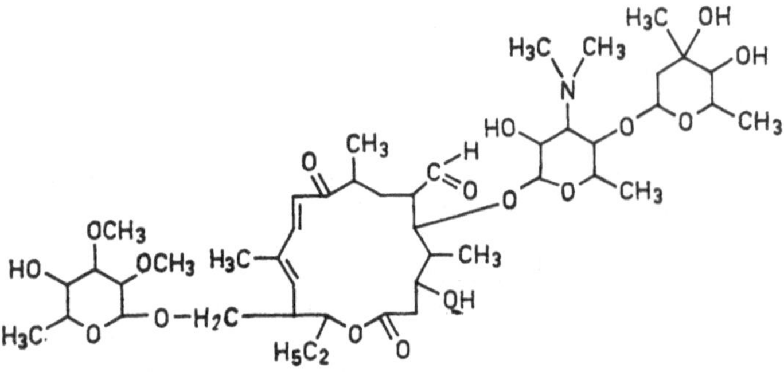

Abb. 44. Tylosin

Tylosin wird ausschließlich in der Veterinärmedizin angewendet. Es ist nicht für die Humanmedizin vorgesehen.

Folgende Einsatzmöglichkeiten bestehen:

— beim Geflügel (u. a. Prophylaxe und Therapie von Mykoplasmose und chronischen Erkrankungen der Atemwege)
— bei Schweinen (u. a. Schweinedysenterie, bakterielle Enteritis, Rotlauf)
— bei Wiederkäuern (u. a. respiratorische Infektionen wie primäre und sekundäre Pneumonie und Pasteurellose, Panaritium)
— bei Kleintieren (u. a. bakterielle Hautinfektionen, Tonsillitis, Bronchitis, bakterielle Pneumonie, Urogenitalinfektionen).

10. Linkomyzin und Klindamyzin

10.1. Chemie

Die Struktur von Linkomyzin und Klindamyzin weicht erheblich von den bisher beschriebenen Antibiotikagruppen ab.

Linkomyzin (Abb. 45) wurde 1962 erstmalig aus Kulturfiltraten von *Streptomyces lincolnensis* isoliert. Klindamyzin (Abb. 45) ist ein halbsynthetisches Linkomyzinderivat, das auf chemischem Wege aus Linkomyzin hergestellt wird. Es ist 7-Chlor-7-desoxy-linkomyzin, das durch Umsetzung von Linkomyzin mit Thionylchlorid in Tetrachlorkohlenstoff entsteht. Vom Linkomyzin unterscheidet es sich dadurch, daß eine Hydroxylgruppe durch ein Chloratom ersetzt und das entsprechende C-Atom invertiert ist.

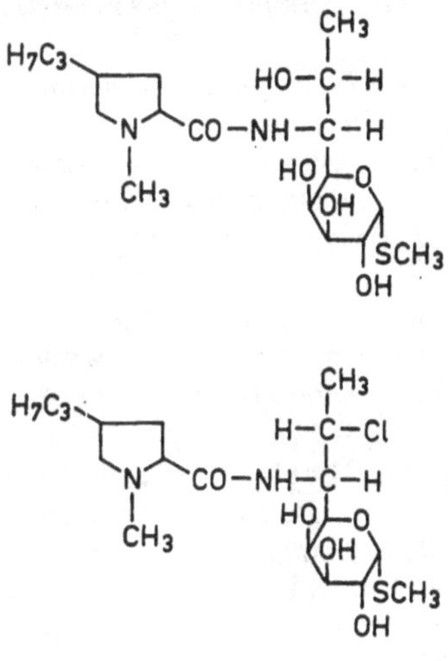

Abb. 45. Linkomyzin (oben) und Klindamyzin (unten)

10.2. Wirkung und Indikation

Linkomyzin und Klindamyzin zeichnen sich durch eine besonders gute Wirksamkeit gegen Staphylokokken, Streptokokken und Pneumokokken aus. Linkomyzin besitzt ein bakteriostatisches Wirkprinzip und hemmt die Proteinsynthese. Bei höheren Konzentrationen ist eine bakterizide Wirkung möglich.

Das Wirkungsspektrum des Linkomyzin ist relativ eng. Neben den oben genannten Erregern umfaßt es Clostridien, Milzbrandbazillen und bestimmte Mykoplasmen.

Das Wirkungsspektrum des Klindamyzins entspricht dem des Linkomyzins. *In vitro* hat es eine 8- bis 10mal höhere antibakterielle Wirksamkeit. Je nach Sensibilität des Erregers hat Klindamyzin eine bakterizide Wirkung. Linkomyzin wird oral und parenteral angewandt. Es hat eine hohe Affinität zum Knochengewebe, eine Serumhalbwertszeit von 4 bis 6 h. Oral appliziertes Linkomyzin wird primär über Galle und Stuhl ausgeschieden. Bei parenteraler Applikation erhöht sich die renal ausgeschiedene Menge.

Beim Klindamyzin erfolgt die Resorption nach oraler Gabe wesentlich rascher als beim Linkomyzin. Sie ist außerdem unabhängig vom Füllungszustand des Magens. Aus diesem Grund wird Klindamyzin vorzugsweise oral verabfolgt und kann niedriger dosiert werden als Linkomyzin.

Bei der Anwendung der Linkomyzinantibiotika kann es zu gastrointestinalen Störungen kommen (Diarrhoe, auch Enterokolitiden sind bereits beschrieben worden). Allergien sind selten.

Beide Antibiotika werden bei Staphylokokken-Infektionen, anderen durch grampositive Bakterien verursachten Infektionen (Osteomyelitis, Wund- und Atemwegsinfektionen), aber nicht bei Enterokokken-Infektionen eingesetzt. Sie werden insbesondere dann angewandt, wenn eine Penizillinallergie besteht.

11. Polymyxine

11.1. Chemie

Die Polymyxine gehören zu den Peptidantibiotika. Dazu zählt eine Reihe von Substanzen, die von verschiedenen Stämmen des *Bacillus polymyxea* (Polymyxine) oder *Bacillus licheniformis* (Bazitrazin) erzeugt werden. Chemisch sind es basische Polypeptide, von denen sich das Polymyxin B und Polymyxin E (Kolistin) auf Grund ihrer relativ geringen Toxizität als Arzneimittel durchsetzen konnten. Auch Bazitrazin, das 1945 als erstes Antibiotikum dieser Gruppe entdeckt wurde, wird häufig angewandt.

Die Basizität der Polypeptide ist Voraussetzung für ihre Isolierung aus der Kulturlösung, die mit der Adsorption an Kationenaustauschern oder Aktivkohle beginnt. Aus den wäßrig-alkoholischen Eluaten werden die Rohprodukte ausgefällt und mittels Chromatographie an Austauschersäulen oder durch Gegenstromverteilung getrennt und gereinigt.

Beim Bazitrazin handelt es sich um einen aus mehreren Komponenten (A, B, C, D, E, F) bestehenden Polypeptidkomplex, in dem die Komponente A mit 70% als die wichtigste überwiegt. Die Struktur des Polymyxin B_1 ist in Abb. 46 wiedergegeben. Sie unterscheidet sich vom Kolistin (Polymyxin E_1) durch einen D-Leu-Rest anstelle einer D-Phe-Gruppierung.

11.2. Wirkung und Indikation

Die Polymyxine wirken ausschließlich auf gramnegative Bakterien (*Pseudomonas aeruginosa, E. coli*, Enterobacter, Klebsiella, Brucellen). Proteus, Gonokokken, Meningokokken und grampositive Bakterien sind resistent. Bazitrazin hat eine bakterizide Wirkung auf grampositive Bakterien; es wird ausschließlich lokal angewandt, da es

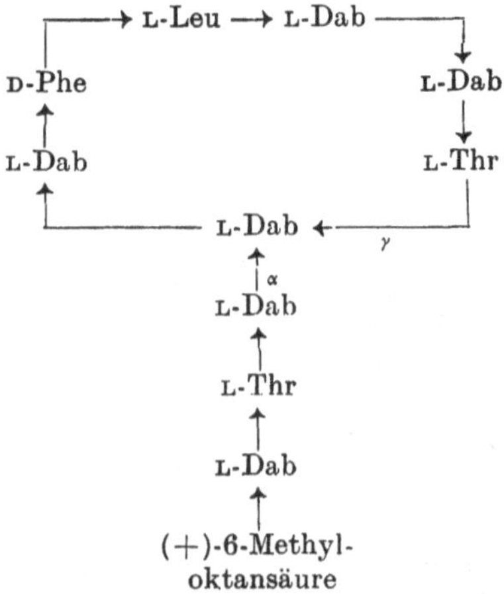

Abb. 46. Polymyxin B_1

nach oraler Gabe nicht resorbiert wird und bei parenteraler Applikation eine Nephrotoxizität zu verzeichnen ist.

Die Polymyxine haben eine bakterizide Wirkung auf ruhende und sich vermehrende Keime. Sie greifen an der Zytoplasmamembran an.

Nach oraler Applikation ist ihre Resorption gering. Es sind daher im Darm hohe Konzentrationen nachweisbar. Die Halbwertszeit liegt bei 1 bis 2 h, die Ausscheidung erfolgt zu etwa 60% renal. An Nebenwirkungen werden Nephrotoxizität, Allergien und lokale Reizerscheinungen beobachtet. Hauptindikationen sind *Pseudomonas*-Infektionen (Sepsis, Endokarditis, Harnwegserkrankungen).

12. Chloramphenikol

12.1. Chemie

Das Antibiotikum Chloramphenikol, auch als Chloromyzetin bezeichnet, wurde 1947 aus einer Kulturlösung von *Streptomyces venezuelae* isoliert. Die chemische Bezeichnung ist D-(—)-threo-2-Dichlorazetamido-1-(4-nitrophenyl)-1,3-propandiol. Es wird heute vollsynthetisch hergestellt.

Ein interessantes Verfahren wurde von den Amerikanern LONG und TROUTMAN entwickelt. Sie gehen von p-Nitrophenon aus und bromieren zum p-Nitro-α-bromazetophenon, das anschließend mit Hexamethylentetramin umgesetzt und dann mit alkoholischer Salzsäure hydrolysiert wird. Der Schutz der Aminogruppe erfolgt durch Azetylierung. Die Azetylverbindung ergibt durch Kondensation mit Formaldehyd p-Nitro-α-azetamino-β-hydroxy-propiophenon als razemisches Gemisch. Die Ketogruppe wird nunmehr mit Hilfe von Aluminiumalkoholaten zur sekundären Alkoholgruppe reduziert. Dabei bildet sich zum überwiegenden Teil das D,L-threo-Razemat, das leicht von der diastereomeren erythro-Form abgetrennt werden kann. Es folgt Hydrolyse der Azetylgruppe, Umsetzung mit D-Kamphersulfonsäure und Spaltung in die beiden optischen Antipoden. D(—)-threo-1-(4-Nitrophenyl)-2-amino-propandiol-(1,3) bildet mit D-Kamphersulfonsäure das schwerer lösliche Salz. Es wird mit Dichloressigsäuremethylester zum Chloramphenikol azyliert (Abb. 47).

Wie bereits erwähnt, wurde Chloramphenikol auf fermentativem Wege auch großtechnisch gewonnen. Als Produktionsstamm kam *Streptomyces venezuelae* zur Anwendung. Die Isolierung aus dem Kulturfiltrat erfolgte mit Hilfe von Amylazetat.

In den zurückliegenden Jahren wurden weitere originelle Chloramphenikolsynthesen entwickelt, deren Beschreibung den Rahmen dieses Taschenbuches überschreiten würde.

12.2. Wirkung und Indikation

Chloramphenikol ist gegen die meisten grampositiven und gramnegativen Bakterien, Rickettsien, Spirochäten und Mykoplasmen wirksam. Resistenz besteht bei Mykobakterien, Pilzen, Protozoen und Viren.

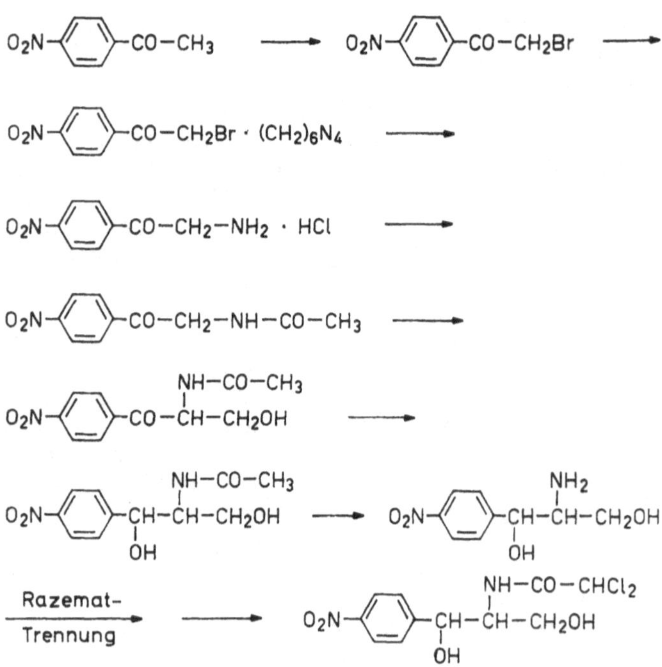

Abb. 47. Synthese von Chloramphenikol

Es wirkt bakteriostatisch durch Hemmung der Proteinsynthese der Bakterien mittels Blockade der Übertragung von löslicher Ribonukleinsäure auf die Ribosomen.

Chloramphenikol wird nach oraler Applikation schnell und nahezu vollständig resorbiert. Die orale Zufuhr ist der parenteralen gleichwertig. Eine Bindung an Serumproteine erfolgt zu etwa 50%. Es findet eine gute Gewebediffusion in alle Organe statt. Besonders hervorzuheben ist die gute Passage der Blut-Liquor-Schwelle. Bei Meningitis können die Liquorspiegel bis auf die Höhe der Serumkonzentrationen ansteigen.

Die Ausscheidung erfolgt durch die Nieren vorzugsweise in glukuronidierter Form.

Nebenwirkungen sind wie bei allen Breitbandantibiotika gastrointestinale Erscheinungen durch Störung der normalen Darmflora. Reversible Veränderungen am roten Blutbild sind ebenfalls möglich. Schwerwiegende Nebenwirkungen sind Panzytopenien und aplastische Anämien. Obwohl diese irreversiblen Schäden selten sind, verlaufen sie häufig tödlich. Die Angaben über die Häufigkeit schwanken von 1:10000 bis 1:40000.

Der Einsatz von Chloramphenikol in der Allgemeinpraxis ist umstritten. Es sollte nur dann angewendet werden, wenn infolge der jeweiligen Resistenz kein anderes Antibiotikum eingesetzt werden kann. Anwendungsgebiete, bei denen es durch andere Antibiotika bis jetzt kaum zu ersetzen ist, sind Typhus, Paratyphus, Salmonellen-Sepsis, Salmonellen- und E.-coli-Meningitis sowie Peritonitis. Auf keinen Fall ist Chloramphenikol zu einer Langzeitbehandlung heranzuziehen. Ebenso sind abzulehnen sein Einsatz bei Bagatellinfektionen sowie die Anwendung in Applikationsformen mit unsicherer Resorption, z. B. rektale Anwendung.

13. Rifamyzine

13.1. Chemie

Sensi und Mitarbeiter isolierten 1959 aus Kulturen von *Streptomyces mediterranei* Stoffwechselprodukte, die zunächst Rifomyzine und später Rifamyzine (B, O, S, SV) genannt wurden. Es sind makrozyklische Antibiotika, die aus einem chromophoren Naphtho(hydro)chinonsystem, das von einer langen aliphatischen Brücke umspannt ist, bestehen und den Ansaverbindungen zugeordnet werden. Das wichtigste und antibiotisch wirksame Rifamyzinderivat ist Rifamyzin SV (Abb. 48), das auch als Ausgangsprodukt für andere interessante Rifamyzinderivate dient.

Die fermentative Bildung vorzugsweise von Rifamyzin SV gelingt mit Hilfe geblockter Mutanten von *Strepto-*

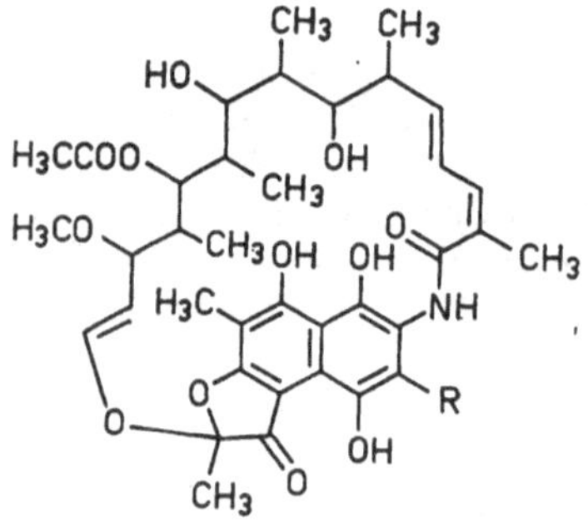

	R
Rifamyzin SV	H
Rifampizin	$CH{=}N{-}N\ \ N{-}CH_3$ (Piperazinring)

Abb. 48. Rifamyzin SV und Rifampizin

myces mediterranei. Ohne genetische Manipulationen gelang später die Isolierung eines Rifamyzin-SV-produzierenden Stammes von *Nocardia mediterranei*. Die Isolierung erfolgt aus der Kulturlösung mit Hilfe einer Extraktion und anschließender chromatographischer Reinigung.

Das klinisch wichtigste Rifamyzinderivat ist das Rifampizin (Abb. 48), dessen Synthese vom Rifamyzin S ausgeht und im Abschn. 5.3.3. beschrieben wurde.

13.2. Wirkung und Indikation

Das Wirkungsspektrum des klinisch angewandten Rifampizins erfaßt im wesentlichen *Mycobacterium tuberculosis* und *Mycobacterium bovis*. Hochempfindlich sind grampositive Kokken (*Staph. aureus*, Pneumokokken). Rifampizin wirkt ferner gegen *Haemophilus influenzae* sowie gegen einige andere gramnegative Bakterien.

Mit anderen Antibiotika (außer Polymyxinen) besteht keine Parallelresistenz. Rifampizin wirkt auf proliferierende Keime bakterizid. Es wird vorwiegend oral verabreicht.

Die Halbwertszeit beträgt 4 h, die Serumeiweißbindung 75 bis 80%. Die Ausscheidung erfolgt hauptsächlich über die Galle, zu einem geringen Teil mit dem Urin.

Rifampizin ist im allgemeinen gut verträglich. Gastrointestinale Störungen werden selten beschrieben. Hauptindikation des Rifampizin ist die Tuberkulosebehandlung, gegebenenfalls in Kombination mit anderen Tuberkulostatika. Bei Erkrankung mit anderen, im Prinzip gegen Rifampizin sensiblen Erregern soll es nach Möglichkeit nicht eingesetzt werden, da die meisten von ihnen — im Gegensatz zu Mykobakterien — mit schneller Resistenzentwicklung reagieren.

Nach neueren Mitteilungen soll Rifampizin eine immunosuppressive Wirkung besitzen.

14. Sonstige Antibiotika

In diesem Abschnitt werden solche Antibiotika beschrieben, die sich auf Grund ihrer von anderen Antibiotikagruppen abweichenden Struktur nicht anderweitig zuordnen lassen.

14.1. Griseofulvin

14.1.1. Chemie

Griseofulvin wurde bereits 1939 aus einer Kultur von *Penicillium griseofulvum* isoliert. Identische Substanzen konnten auch aus Kulturlösungen von *P. patulum*, *P. nigricans* bzw. *P. janczewski* gewonnen werden.

Zunächst gelang der Nachweis einer Wirksamkeit dieses Stoffes gegenüber pflanzenpathogenen Pilzen. Auf Grund dieser Eigenschaft wurde Griseofulvin zur Bekämpfung der durch *Botrytis cinerea* hervorgerufenen Salatfäule eingesetzt. Seit 1958 fand es in der Humantherapie Anwendung als Antimykotikum und wird heute noch als solches verwendet.

Griseofulvin besitzt die in Abb. 49 wiedergegebene und 1951 aufgeklärte chemische Struktur. Es ist ein Spirobenzofuranderivat.

Griseofulvin kann aus der Kulturlösung von *Penicillium griseofulvum* durch Extraktion mit organischen Lösungsmitteln oder durch Adsorption an Aktivkohle und anschließende Elution gewonnen werden. Es werden auch Verfahren beschrieben, nach denen die gesamte Kulturlösung zur Trockne gebracht und die erhaltene Trocken-

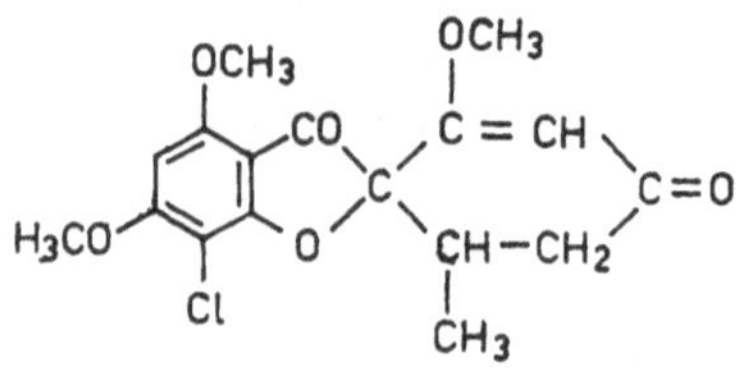

Abb. 49. Griseofulvin

substanz mit chlorierten Kohlenwasserstoffen extrahiert wird. Die Feinreinigung erfolgt entweder durch Umkristallisation oder auf gaschromatographischem Wege.

Auch die Totalsynthese von Griseofulvin ist möglich, aber gegenüber der fermentativen Gewinnung weitaus unrationeller.

14.1.2. Wirkung und Indikation

Das Wirkungsspektrum von Griseofulvin umfaßt alle *Trichophyton*-Arten, spezielle *Microsporum*-Arten sowie *Epidermophyton floccosum*. Es besitzt keine antibakterielle Aktivität und wirkt fungistatisch. Die charakteristischen, durch Griseofulvin verursachten Kräuselungen der Pilzfäden werden auf eine Störung des Aufbaus der Zellwand, vor allem der Biosynthese des Chitins zurückgeführt.

Mit Hilfe von Griseofulvin konnte die Behandlung von Dermatomykosen von der lokalen auf eine interne Form umgestellt werden. Die Resorption nach oraler Gabe ist abhängig von der Partikelgröße. Sie ist um so günstiger, je kleiner ihr Durchmesser ist. Maximale Blutspiegel werden nach 4 bis 5 h erreicht. Die Halbwertszeit liegt bei 20 h. Die Ausscheidung erfolgt vorwiegend mit den Fäzes.

Nebenwirkungen sind auch bei langfristiger Anwendung selten. Kopfschmerzen, gastrointestinale Störungen sowie reversible Leukozytopenie werden zuweilen angegeben. Griseofulvin wird bei Infektionen, die durch Fadenpilze, *Trichophytum-*, *Microsporum-* und *Epidermophyton*-Arten verursacht werden, eingesetzt. Hauptindikation ist die Onychomykose der Fingernägel. Nicht geeignet ist Griseofulvin für die Behandlung bei *Candida*-Infektionen, wie z. B. Soor.

14.2. Amphoterizin

14.2.1. Chemie

Amphoterizin A und B wurden 1955 aus Kulturlösungen von *Streptomyces nodosus* isoliert. Sie gehören zu den Polyen-Antibiotika. Für die Therapie bedeutungsvoll ist das Amphoterizin B.

Es ist ein nichtaromatisches Heptaen-Antibiotikum (Abb. 50), das direkt aus der Kulturbrühe durch Extraktion gewonnen wird. Amphoterizin besitzt amphoteren Charakter und hat im Molekül neben dem bereits erwähnten Polyen- einen Aminozuckeranteil.

14.2.2. Wirkung und Indikation

Amphoterizin B ist wirksam gegenüber den wichtigsten Sproß- und Fadenpilzen wie *Candida, Aspergillus, Blastomyces, Mucor, Cryptococcus.* Es besitzt eine fungistatische, in höheren Konzentrationen eine fungizide Wirkung.

Als besonders vorteilhaft wird die parenterale Wirksamkeit des Amphoterizin B eingeschätzt. Bei oraler Appli-

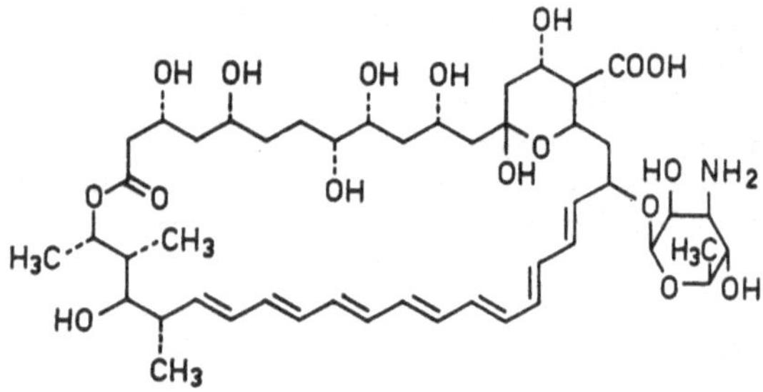

Abb. 50. Amphoterizin B

kation findet keine Resorption statt. Die Halbwertszeit beträgt 20 h. Die Liquorgängigkeit ist gering.

Es werden zahlreiche Nebenwirkungen wie Nephrotoxizität, Fieber, Erbrechen, Kreislaufkollaps beschrieben. Aus diesem Grunde ist Amphoterizin B nur bei generalisierten Pilzinfektionen und schweren Organmykosen indiziert.

14.3. Nystatin

14.3.1. Chemie

Nystatin steht in struktureller Hinsicht dem Amphoterizin sehr nahe und wird ebenfalls zu den Polyenen gerechnet. Die Isolierung erfolgte 1950 aus Kulturfiltraten von *Streptomyces noursei*. Nystatin ist ein amphoteres Tetraen, das mit einem Mykosamin verknüpft ist. Seine Struktur ist noch nicht völlig aufgeklärt.

14.3.2. Wirkung und Indikation

Das Wirkungsspektrum des Nystatin umfaßt *Candida albicans* und andere *Candida*-Arten sowie *Blastomyces*, *Cryptococcus*, *Cocciidoides* und einige *Aspergillus*-Stämme. Es wirkt vorwiegend fungistatisch, in höheren Konzentrationen auch fungizid. Nach oraler Gabe tritt keine Resorption auf. Da eine parenterale Applikation wegen der toxischen Eigenschaften von Nystatin nicht möglich ist, kann es ausschließlich lokal angewandt werden. Zum Einsatz kommt es bei Hefepilzinfektionen (*Candidiasis*). Es ist das Mittel der Wahl bei Soor.

14.4. Fusidinsäure

14.4.1. Chemie

Fusidinsäure wurde **1961** als neue antibiotisch wirksame Verbindung entdeckt. Sie ist mit keiner bis dato bekannten Antibiotikagruppe verwandt. Fusidinsäure gehört zu den Steroiden (Abb. 51). Sie ist bis zum gegenwärtigen Zeitpunkt das einzige Steroidantibiotikum, das klinische Bedeutung erlangt hat.

Fusidinsäure ist in Kulturen von *Fusidium coccineum* enthalten und wird durch Extraktion mit organischen Lösungsmitteln aus dem sauren Kulturfiltrat gewonnen.

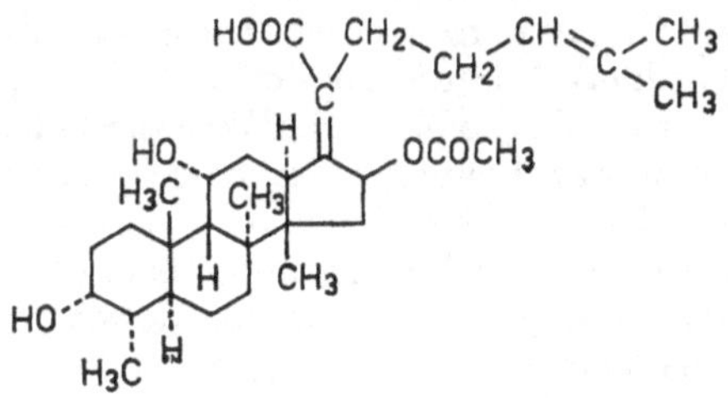

Abb. 51. Fusidinsäure

14.4.2. Wirkung und Indikation

Fusidinsäure ist ein Antibiotikum mit begrenztem Wirkungsbereich. Sie besitzt eine antibakterielle Wirksamkeit insbesondere gegen Staphylokokken, wobei sämtliche penizillinasebildenden Stämme mit erfaßt werden. Resistent sind gramnegative Bakterien. Fusidinsäure hat in therapeutisch erreichbaren Konzentrationen eine vorwiegend bakteriostatische Wirkung.

Nach oraler Gabe von Fusidinsäure tritt eine verzögerte

Resorption auf. Die Plasmaeiweißbindung liegt bei 90 bis 97%, die Halbwertszeit bei 4 bis 6 h. Die Ausscheidung erfolgt vorwiegend über die Galle.

Bei der Anwendung von Fusidinsäure tritt relativ häufig Magenunverträglichkeit und Brechreiz auf. Die Applikation erfolgt nur oral. Indikationen sind vorwiegend Staphylokokken-Infektionen wie Sepsis, Haut- und Wundinfektionen und Osteomyelitis.

14.5. Anthrazyklinantibiotika

14.5.1. Allgemeines und Chemie

Zahlreiche Forschergruppen unterschiedlicher Institutionen begannen Mitte der fünfziger Jahre mit der Untersuchung roter Mikrobenfarbstoffe, die sich durch eine antimikrobielle Wirksamkeit auszeichneten. Die chemische Struktur dieser Pigmente wurde 1963 von BROCKMANN und Mitarbeitern aufgeklärt und den Anthrazyklinen bzw. ihren Glykosiden — den Anthrazyklinantibiotika — zugeordnet. Nur die Glykoside — nicht ihre Aglykone — besitzen eine biologische Wirksamkeit. Alle Vertreter der Anthrazyklinantibiotika bestehen aus einem chromophoren Teil des Moleküls, dem Aglykon (Derivat des Tetrahydrotetrazenchinons) und einem oder mehreren Zucker- bzw. Aminozuckerresten, mit denen sie glykosidisch verbunden sind.

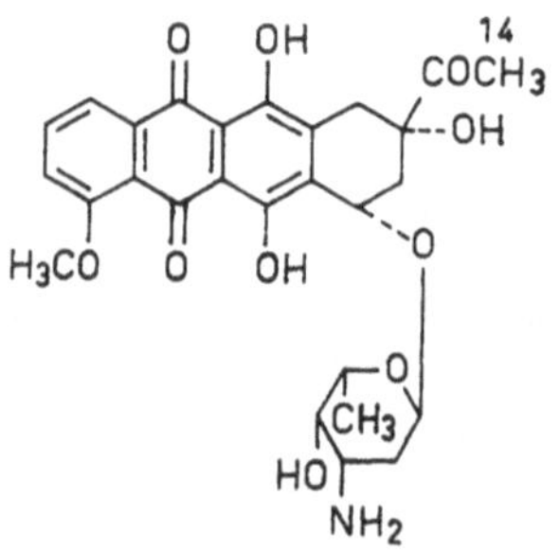

Abb. 52. Daunomyzin

1963 wurde auch die antileukämische Wirksamkeit des Anthrazyklins Daunomyzin (Abb. 52), das identisch mit Rubidomyzin ist, entdeckt. Da die Anthrazyklinantibiotika im Vergleich zu anderen Antibiotikagruppen für eine Anwendung in der antimikrobiellen Chemotherapie auf Grund ihrer vergleichbar hohen Toxizität nicht in Frage kamen, konnte für diese Stoffklasse somit ein neues Anwendungsgebiet nachgewiesen werden.

Die Kenntnis über die antileukämische Wirksamkeit der Anthrazykline führte zu einer enormen Forschungstätigkeit auf diesem Gebiet.

Die Anthrazyklinantibiotika werden vorzugsweise von speziellen Streptomyzeten- und Aktinomadura-Arten gebildet, z. B. Daunomyzin von *Streptomyces bifurcus*, *Streptomyces peucetius*, *Streptomyces coeruleorubidus* und *Streptomyces griseus*.

Klinisches Interesse haben bisher das schon erwähnte Daunomyzin (= Rubidomyzin = Daunorubizin) und Adriamyzin (Abb. 53) erlangt. Adriamyzin ist ein 14-Hydroxy-daunomyzin. Trotz relativ geringfügiger struktureller Veränderungen im Aglykonteil des Moleküls im Vergleich zum Daunomyzin sind drastische Veränderungen bezüglich der Toxizität, des therapeutischen Index, des Tumorwirkungsspektrums, der Akkumulation in der Zelle und anderer biologischer Parameter erzielt worden.

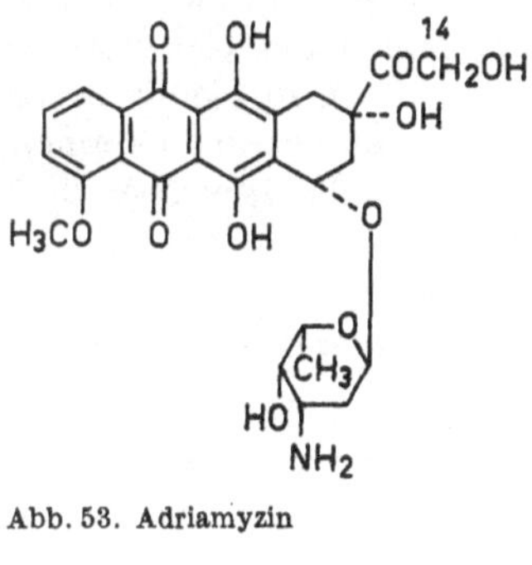

Abb. 53. Adriamyzin

14.5.2. Wirkung und Indikation

Der Hauptwirkungsort der Anthrazykline ist die DNA der Zelle; dort wird durch die Anthrazyklinantibiotika der Nukleinsäure-Stoffwechsel gestört.

Daunomyzin besitzt einen wachstumshemmenden Einfluß auf grampositive und einige gramnegative Bakterien und Pilze. Darüber hinaus sind antivirale Wirkungen durch Hemmung der Virus-DNA-Replikation in der Wirtszelle bekannt geworden.

Experimentelle Untersuchungen führten zum Nachweis einer Antitumorwirksamkeit von Daunomyzin bei soliden Tumoren (Sarkome und Karzinome), Leukämie und Tumoren viraler Natur.

Bei der Anwendung am Menschen kann es zu einer Knochenmarks-Aplasie kommen. Ferner können bei langanhaltender Medikation Herzschäden auftreten. Nieren- und Leberschäden sind bisher nicht beobachtet worden.

Daunomyzin ist das erste Arzneimittel, das zu einem hohen Prozentsatz kompletter Remissionen bei der Behandlung akuter myeloblastischer Leukämien geführt hat.

Adriamyzin ist ein interessantes und vielversprechendes Chemotherapeutikum gegen Tumoren des Menschen, insbesondere gegen Tumoren der Blase, Brust, Ovarien und Lunge. Die Wirksamkeit erstreckt sich auch auf Lymphome und akute Leukämien. Nicht empfindlich sind Tumoren der Niere und maligne Melanome. Gegenwärtig laufen Untersuchungen, um Adriamyzin in Kombination mit anderen Kanzerostatika klinisch einsetzen zu können, da im allgemeinen eine Kombinationstherapie gegenüber der Monotherapie vorzuziehen ist.

14.6. Sonstige Antibiotika mit kanzerostatischer Wirkung

Neben den Anthrazyklinantibiotika gibt es noch eine Anzahl weiterer Antibiotika, die eine kanzerostatische Wirkung besitzen, aber keiner einheitlichen chemischen

Stoffklasse zuzuordnen sind. Als Beispiele werden Rufokromomyzin, Olivomyzin und Bleomyzin ausgewählt.

14.6.1. Rufokromomyzin

Rufokromomyzin (Abb. 54) wird durch *Actinomyces albus var. bruneomycini* gebildet. Als zytostatisch wirkendes Antibiotikum hemmt es die DNS-Synthese. Besonders hervorzuheben ist seine Wirksamkeit gegen Geschwülste lymphatischer Herkunft, wie Lymphosarkome und Lymphadenome. Hauptindikationen sind Lymphogranulomatose und Retikulosarkom. Als Nebenwirkungen wurden eine Unterdrückung der Hämopoese mit Leuko- und Thrombozytopenie und gelegentlich hämorrhagische Diathese beobachtet. Ferner traten Übelkeit, Erbrechen, Diarrhoe und Stomatitis auf.

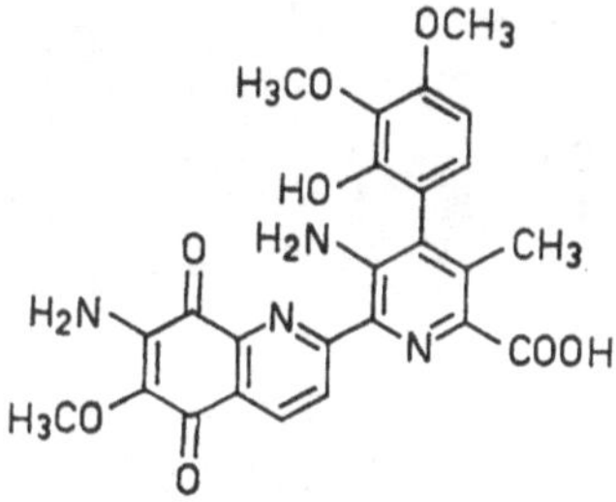

Abb. 54. Rufokromomyzin

14.6.2. Olivomyzin

Olivomyzin (Abb. 55) entsteht auf fermentativem Wege aus *Actinomyces olivoreticuli var. olivomycin.* Sein zytostatischer Wirkungsmechanismus beruht auf einer Störung der Nukleinsäuresynthese. Im Gegensatz zu fast allen Zytostatika unterdrückt Olivomyzin die Blutbildung nicht.

Als Indikationen werden Geschwulsterkrankungen des Eierstocks im Stadium der Generalisierung angegeben, ferner Tonsillargeschwülste sowohl im Frühstadium als auch bei Generalisierung und Retikulosarkom mit Befall der peripheren Lymphknoten und Melanome im Generalisierungsstadium.

An Nebenwirkungen werden Übelkeit, teilweise Erbrechen und Fieber angegeben.

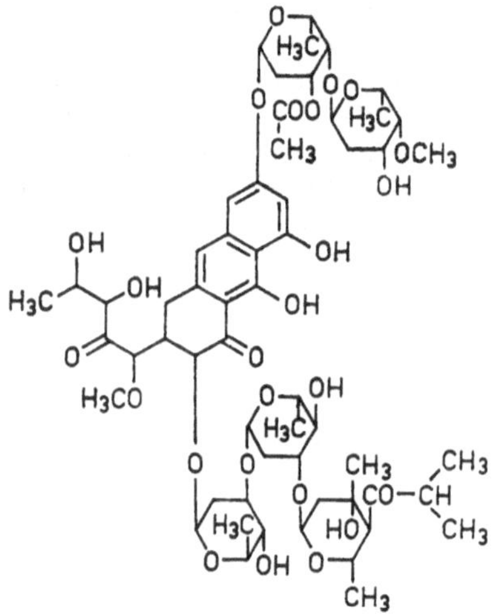

Abb. 55. Olivomyzin

14.6.3. *Bleomyzin*

Bleomyzin wird durch *Streptomyces verticillus* gebildet. Seine Struktur ist noch nicht aufgeklärt. Es handelt sich um einen Komplex aus wasserlöslichen basischen Peptiden.

Die zytostatische Wirksamkeit beruht ebenfalls auf der Hemmung der DNS-Synthese durch Blockade des Thymidineinbaus.

Bei parenteraler Gabe wird Bleomyzin gut resorbiert. Seine Halbwertszeit wird mit 14 min angegeben. Als gefährliche Nebenwirkung tritt Lungenfibrose auf, ferner

Alopezie, Stomatitis, Appetitlosigkeit, Fieber, Exanthem, Schmerzen und Übelkeit.

Indikationen sind Kieferkarzinom, Karzinome der Zunge, des Pharynx, des Larynx, des Scrotum, Hautkrebs, Harnblasenkarzinom, Melanome und Gehirntumoren.

15. Antibiotika als Ergotropika

Während in den bisherigen Abschnitten des vorliegenden Taschenbuches der Einsatz von Antibiotika ausschließlich für therapeutische Zwecke beschrieben wurde, soll abschließend auf die Anwendung von Antibiotika in der Tierernährung als Ergotropika hingewiesen werden.

Ergotropika verbessern die Futterausnutzung, erhöhen die Leistungssicherheit in der tierischen Produktion und verändern zielgerichtet den Stoffwechsel der Nutztiere.

Die Anwendung von Antibiotika als Futterzusatzstoffe geht auf Versuche von Stockstad und Jukes (1949) zurück, die die wachstumsfördernde Wirkung chlortetrazyklinhaltiger Fermentationsrückstände erkannten. Bereits 1946 hatten Moore und Mitarbeiter eine Wachstumssteigerung bei Streptomyzinzusatz zum Futter festgestellt, ohne daß sie die Bedeutung dieses erzielten Effektes erkannt hatten.

Zum heutigen Zeitpunkt werden bestimmte Antibiotika als Futterzusätze in vielen Ländern angewandt, obwohl das damit verbundene Resistenzproblem zu vielen Diskussionen in der Fachwelt geführt hat. Diese Diskussionen sind bis heute noch nicht abgeschlossen.

Durch den Einsatz ergotrop wirkender Antibiotika werden in der Landwirtschaft hohe Gewinne erzielt, da die Kosten im Vergleich zum erreichten Zuwachs an Fleischmasse sehr gering sind.

Bisher wurden

- Penizillin
- Oleandomyzin

- Streptomyzin
- Chlortetrazyklin
- Oxytetrazyklin
- Bazitrazin

in größerem Umfang in der Tierernährung eingesetzt. Auf der Grundlage vergleichender Untersuchungen erschienen die Tetrazykline, insbesondere das Oxytetrazyklin, als am besten geeignet und werden als Ergotropika nach wie vor angewendet.

1 kg Futterkonzentrat enthält in der Regel 7 bis 12% Wirksubstanz, berechnet als Oxytetrazyklinbase. Die organischen Bestandteile sind Myzeleiweiß, Nährbodenbestandteile des Kulturmediums der fermentativen Herstellung wie Erdnußmehl, Stärke, Sonnenblumenöl und tierische Fette sowie anorganische Substanzen. Aus Tierversuchen geht hervor, daß ein Oxytetrazyklin mit Myzelanteil dem reinen Oxytetrazyklin überlegen ist.

Obwohl Antibiotika seit mehr als 20 Jahren in der Tierfütterung eingesetzt werden, ist ihre Wirkungsweise noch weitgehend unbekannt. Offensichtlich ist der ergotrope Effekt vorwiegend im Gastrointestinaltrakt lokalisiert. Pathogene Bakterien, die toxische Substanzen ausscheiden, werden im Darm unterdrückt. Es kann die Entwicklung solcher Mikroorganismen gefördert werden, die Vitamine und andere, das Wachstum anregende Faktoren aufbauen. Außerdem beseitigt Oxytetrazyklin Darminfektionen. Aus weiteren Untersuchungen geht hervor, daß Oxytetrazyklin die Adsorption von Salzen, die für den Knochenaufbau junger Tiere erforderlich sind, beschleunigt.

Oxytetrazyklin unterstützt die Nahrungsaufnahme durch Beeinflussung der resorptiven Oberfläche des Dünndarms und durch Anregung der Blutzirkulation. Von besonderer Bedeutung ist die beschleunigte Bildung von Albumin, Globulin und einigen Vitaminen.

In den zurückliegenden Jahren wurden weitere Antibiotika auf ihre Einsatzmöglichkeit als Ergotropika geprüft. Bei diesen Versuchen schnitten zunächst Paromomyzin und Erythromyzin im Vergleich zu Oxytetrazyklin, Oleandomyzin und Zinkbazitrazin wesentlich besser ab. Sie haben sich jedoch bisher nicht als Futterzusatzstoffe durchsetzen können.

Eine wichtige Neuentwicklung auf dem Gebiet der ergotrop wirkenden Antibiotika stellt das *Flavomyzin* dar, das ausschließlich zur Tierernährung entwickelt wurde und somit die Forderung nach einer strengen Trennung von therapeutisch und ergotrop einzusetzenden Antibiotika in vollem Umfang erfüllt.

Flavomyzin wirkt in sehr geringen Mengen wachstumsfördernd und futtereinsparend. Es wird vom Darm nur geringfügig resorbiert, so daß praktisch keine Rückstände im Fleisch zu befürchten sind. So wurden bisher auch keine Resistenzerscheinungen oder allergisierende Wirkungen beobachtet.

Die Entwicklung neuer ergotrop wirkender Substanzen zum Einsatz in der Tierernährung wird auch in den nächsten Jahren eine große Bedeutung haben. Dabei ist zu beachten, daß die speziellen Fütterungsantibiotika keine Anwendung in der Therapie beim Menschen oder Nutztier finden. Es dürfen keine Parallelresistenzen mit anderen Antibiotika, die in der Therapie eingesetzt werden, entstehen, die Resorption aus dem Magen-Darm-Trakt soll nur äußerst gering sein, damit Rückstandsprobleme weitgehend ausgeschlossen werden können.

Pharmakokinetische Daten ausgewählter Antibiotika

Antibiotikum	Resorption nach oraler Gabe [%]	Ausscheidung renal [%]	Eiweißbindung [%]	t_{max} [h]	$t_{1/2}$ [h]
Penizillin G	15 bis 30	40 bis 70 (aktiv) 30 bis 50 (als Metaboliten)	40 bis 50	0,25 bis 0,5	0,5 bis 1,0
Penizillin V	50 bis 60	30 bis 35	55 bis 60	1,0	0,3 bis 0,5
Oxazillin	30	25	90 bis 95	0,5 bis 1,0 (i. m.) 1,0 bis 2,0 (oral)	0,5
Kloxazillin	30 bis 50	40 bis 50	95	wie Oxazillin	0,75
Dikloxazillin	70	65	95	wie Oxazillin	0,75
Flukloxazillin	50	35	95	wie Oxazillin	0,75
Ampizillin	30 bis 60	20 bis 30 (oral) 60 (i. v.)	15 bis 20	1,5 bis 2,0	1,0 bis 2,0
Amoxyzillin	65	60 bis 70	17	1,0 bis 2,0	1,0 bis 2,0
Pivampizillin	90	65 bis 75	15 bis 20	1,0 bis 1,5	1,0
Talampizillin	über 60	65	15 bis 20	1,0	1,0
Epizillin		70 (parenteral) 30 (oral)	10 bis 30	0,5 (i. m.) 2,0 (oral)	1,0 bis 2,0

Karbenizillin	–	70 bis 80	50	1,0	0,8 bis 2,0
Indanylkarbenizillin	30 bis 40	40	45 bis 50		0,8 bis 2,0
Mezlozillin	–	40 bis 70	25 bis 35		1,0
Azlozillin	–	40 bis 60	30		1,0
Zephalotin	–	60 bis 90 (aktiv) 20 bis 30 (als Des-azetylverbindung)	60 bis 80	1,0 bis 2,0 (i.m.) 0,25 bis 0,5 (i.v.)	0,5 bis 0,8
Zephaloridin	–	85 bis 90	20	1,0 bis 2,0 (i.m.) 0,25 bis 0,5 (i.v.)	1,5
Zephazolin	–	85 bis 90	85	wie Zephalotin	1,5 bis 2,0
Zephazetril	–	95	30	wie Zephalotin	1,0
Zephapirin	–	55 bis 75		wie Zephalotin	0,5
Zephalexin	100	80 bis 90	6 bis 10	1,5 bis 2,0 (oral)	1,0
Zephradin	100	80 bis 90	6 bis 10	1,0 (oral)	1,0
Zephoxitin	–	80	50 bis 60		0,8
Tetrazyklin	80	60	55 bis 65	2,0 bis 3,0	8,0 bis 10,0
Chlortetrazyklin	25 bis 30	20	55	3,0 bis 4,0	6,0 bis 7,0
Oxytetrazyklin	60	70	30 bis 35	3,0 bis 4,0	9,0
Doxyzyklin	90	35	80 bis 90	2,0	15,0 bis 18,0

Antibiotikum	Resorption nach oraler Gabe [%]	Ausscheidung renal [%]	Eiweißbindung [%]	t_{max} [h]	$t_{1/2}$ [h]
Methazyklin	60	35	80	3,0 bis 5,0	14,0
Minozyklin	100	5 bis 10		2,0	12,0 bis 16,0
Streptomyzin	—	50 bis 60	25 bis 35	1,0 bis 2,0	2,0 bis 3,0
Neomyzin	—	30 bis 50	45 bis 55		1,8
Kanamyzin	—	50 bis 80	0	1,2	1,0 bis 2,0
Gentamyzin	—	85 bis 90	0 bis 30	1,0 bis 1,5	1,7
Tobramyzin	—	85	25 bis 30	0,5 bis 1,0	2,2
Sisomizin	—	80 bis 85	0 bis 25	0,5	2,0
Amikazin	—	98		1,0	2,0 bis 2,5
Erythromyzin	10 bis 15	10 bis 15	80 bis 85	2,0 bis 3,0	1,0 bis 1,5
Oleandomyzin		20	50 bis 60	2,0 bis 3,0	2,0 bis 3,0
Linkomyzin	75	1 bis 30 (oral) 25 bis 35 (parenteral)		2,0 bis 6,0	4,0 bis 6,0
Klindamyzin	75	15 bis 35 (oral) 20 bis 40 (parenteral)		1,0	2,75
Rifampizin	80	30	75 bis 80	2,0 bis 4,0	2,0 bis 3,0
Chloramphenikol	über 90	90	60	2,0 bis 3,0	2,5

Wirkungsmechanismus und Wirkungsweise wichtiger Antibiotika

Antibiotikagruppe	Wirkungsmechanismus			Wirkungsweise			
	Angriff an der Zellwand	Angriff an der Zytoplasmamembran	Hemmung der Proteinsynthese	Angriff im Vermehrungsstadium	Angriff im Ruhestadium	Bakteriostase	Bakterizidie
Penizilline	++			++			+
Zephalosporine	++			++			+
Chloramphenikol			++	++	+	++	+
Tetrazykline			++	++	+	++	+
Aminoglykoside		+	++	++	++		+
Rifamyzine/Rifampizin		++	++	++			+
Polymyxine		+		++	++		+
Makrolide			+	++	+	++	+
Linkomyzin/Klindamyzin			+	++		++	+

++ größer als +

Diffusionsverhältnisse wichtiger Antibiotika

Antibiotikagruppe	Gewebe	Harn	Pleura-Flüssigkeit	Peritoneal-Flüssigkeit	Galle	Liquor cerebrospinalis
Penizilline	++	++	++	++	++	+
Zephalosporine	++	++	++	++	+	(+)
Chloramphenikol	++	++	++	++	(+)	++
Tetrazykline	++	++	++	+++	+++	(+)
Streptomyzin	++	++	++	++	++	(+)
Andere Aminoglykoside	(+)	++	(+)	(+)	(+)	(+)
Rifamyzine/Rifampizin	++	+	++	++	++	(+)
Polymyxine	+	++	+	+	+	0
Makrolide	++	++	++	++	+++	(+)
Linkomyzin/Klindamyzin	++	+	+	++	+	(+)

+++ sehr gut
++ gut
+ mäßig
(+) kaum

Mögliche Nebenwirkungen wichtiger Antibiotika

Antibiotikagruppe	Allergien	Gastrointestinale Störungen	Hämato-toxizität	Nephro-toxizität	Hepato-toxizität	Neuro-toxizität
Penizilline	+++	+	(+)			(+)
Zephalosporine	++	+		(+)		
Chloramphenikol	+	++	++			+
Tetrazykline	+	+++			(+)	
Streptomyzin	++	+	+	+		+++
Andere Aminoglykoside	+	(+)		++		++
Rifamyzine/Rifampizin	(+)	(+)	(+)			
Polymyxine	+	(+)	++			++
Makrolide	+	++			++	
Linkomyzin/Klindamyzin	+	++			++	

+++ über 5%
++ unter 5%
\+ unter 1%
(+) möglich

Zusammenstellung wichtiger Erregerarten, der von ihnen verursachten Krankheiten und für ihre Bekämpfung einsetzbaren Antibiotika

Erreger	Infektionskrankheiten	Antibiotika
Actinomyceten	Aktinomykosen	Penizillin
Brucellae	Bruzellosen	Tetrazykline Chloramphenikol
Clostridium tetani	Tetanus	Penizillin Tetrazykline
Corynebacterium diphtheriae	Diphtherie	Penizillin Erythromyzin
Diplococcus pneumoniae	Bronchitis, Bronchopneumonie, Konjunktivitis, Meningitis, Peritonitis, Mastoiditis	Penizillin Tetrazykline Erythromyzin Zephalosporine
Escherichia coli	Zystitis, Pyelonephritis, Cholezystis, Peritonitis, Septikämie, Wundinfektionen	Chloramphenikol Kanamyzin Tetrazykline
Haemophilus influenza	Atemwegserkrankungen, Konjunktivitis, Meningitis	Ampizillin Chloramphenikol Tetrazykline Streptomyzin
Haemophilus pertussis	Keuchhusten	Tetrazykline Chloramphenikol
Klebsiella pneumoniae	Zystitis, Pyelonephritis, Cholezystitis, Mastoiditis, Osteolyelitis, Meningitis	Tetrazykline Chloramphenikol Kanamyzin Gentamyzin Kolistin Polymyxin B Zephalosporine
Mycobacterium tuberculosis	Tuberkulose	Streptomyzin Kanamyzin Rifamyzine
Mycoplasmen	Infektionen der oberen Luftwege, Urethritis	Tetrazykline
Neisseria meningitidis	Meningitis cerebrospinalis epidemica, Sepsis	Penizillin
Neisseria gonorrhoeae	Tripper	Penizillin Tetrazykline Erythromyzin

Erreger	Infektionskrankheiten	Antibiotika
Proteus	Harnwegsinfektionen, Abszesse, eitrige Wunden, Meningitis, Sepsis	Ampizillin Chloramphenikol Kanamyzin Neomyzin
Pseudomonas aeruginosa	Wundinfektionen, Otitis, Harnwegsinfektionen, Meningitis	Polymyxin B Gentamyzin
Rickettsien	Fieber verursacht durch Rickettsiosen	Tetrazykline Chloramphenikol
Salmonellae	Nahrungsmittelvergiftungen, Typhus, Paratyphus	Chloramphenikol
Shigellae	Dysenterie	Ampizillin Tetrazykline Chloramphenikol Neomyzin Paromomyzin Gentamyzin
Staphylococcus aureus	Entzündungen und Eiterungen	Penizillin Zephalosporine penizillinasefeste Penizilline
Streptococcus faecalis	Peritonitis, Appendizitis, Pyelitis, Sepsis, Endokarditis, Pneumonie, Meningitis	Penizillin Tetrazykline Rifamyzine
Streptococcus pyogenes	Panaritium, Angina, Scharlach, Pneumonie, Sepsis, Otitis	Penizillin Erythromyzin
Treponema pallidum	Syphilis	Penizillin Erythromyzin Tetrazkyline

Ausgewählte Antibiotika-Produzenten

Antibiotikum	Produzent
Amphoterizin	*Streptomyces nodosus*
Bazitracin	*Bacillus subtilis*
Chloramphenikol	*Streptomyces venezuelae*
Chlortetrazyklin	*Str. aureofaciens*
Erythromyzin	*Streptomyces erythraeus*
Fusidinsäure	*Fusidium coccineum*
Gentamyzin	*Micromonospora purpurea*
	M. echinospora
Griseofulvin	*Penicillium griseofulvum*
Kanamyzin A	*Streptomyces kanamyceticus*
Kolistin	*Bacillus colistinus*
Linkomyzin	*Streptomyces lincolnensis*
Neomyzine	*Streptomyces fradiae*
Nystatin	*Streptomyces noursei*
Oleandomyzin	*Streptomyces antibioticus*
Oxytetrazyklin	*Str. rimosus*
Paromomyzin	*Streptomyces rimosus*
Penizillin G	*Penicillium-* und *Aspergillus-Arten*
Penizillin V	*Penicillium chrysogenum*
Polymyxin B	*Bacillus polymyxa*
Rifamyzine	*Streptomyces mediterranei*
Streptomyzin	*Streptomyzes griseus*
Zephalosporn C	*Cephalosporium-Arten*

Zusammenstellung der wichtigsten Antibiotika nach WHO-Bezeichnungen und Synonyma

Vorgeschlagene bzw. festgelegte WHO-Bezeichnung	Wichtigste Synonyma	Beschreibung Seite	Formel Abb. Seite
Adriamycin	ADRIBLASTINA	111	111
Amikacin	AMIKIN BIKLIN	89	90
Amoxycillin	AMOXIL AMOXYPEN CLAMOXYL	52	54
Ampicillin	AMBLOSIN BINOTAL DERIPEN PENBRISTOL PENBRITIN PENTARCIN PENTREXYL PENSTABIL SEMICILLIN ULTRABION	52	54
Amphotericin	AMFOSTAT FUNGILIN FUNGZONA	107	108
Azidocillin	ALTISPECTRAL GLOBACILLIN NALPEN SYNCILLIN	47	48
Azlocillin	SECUROPEN	56	57
Bacitracin	BACIDRIN GINEBATIN PARENTRACIN TOPITRACIN	116	
Bacampicillin		52	54
Carbenicillin	ANABACTYL FUGACILLIN GEOPEN MICROCILLIN PYOPEN	53	55
Cefacetril	CELOSPOR	68	64

Vorgeschlagene bzw. festgelegte WHO-Bezeichnung	Wichtigste Synonyma	Beschreibung Seite	Formel Abb. Seite
Cefalexin	CEPOREX KEFEXIN KEFLEX KEFORAL, Lilly ORACEF PALITREX	71	70
Cefaloglycin	KAFOCIN KEFGLYCIN, Lilly	70	70
Cefaloridin	CEFLORIN CEPALORIN CEPORAN CEPORIN GLAXORIDIN KEFSPOR, Lilly	68	64
Cefalotin	KEFLIN, Lilly MICROTIN	68	64
Cefamandol	MANDOKEF	62	65
Cefanon		62	65
Cefapirin	BRISTOCEF CEFADEXYL	68	64
Cefazolin	ELZOGRAM, Lilly GRAMAXIN KEFZOL	68	64
Cefoxitin	MEFOXIN MEFOXITIN	71	72
Cefradin	ESCACEF SEFRIL VELOSEF	69	70
Chloramphenicol	BERLICETIN CHLORNITROMYCIN CHLOROMYCETIN LEVOMYCETIN	101	102
Chlortetracyclin	AUREOMYCIN BIOMYCIN CHLOROCYCLIN CHRYSOMYCIN DUOMYCIN	74	73

Vorgeschlagene bzw. festgelegte WHO-Bezeichnung	Wichtigste Synonyma	Beschreibung Seite	Formel Abb. Seite
Chlortetracyclin	LUCOMYCIN RECTOBION	73	73
Ciclacillin	ULTRACILLIN	53	54
Clindamycin	CLEOMYCIN CLINIMYCIN DULACIN C SOBELIN	98	97
Cloxacillin	BACTOPEN CLOXAPEN ORBENIN STAPHOBRISTOL SYNTARPEN	50	51
Daunorubicin	DAUNOMYCIN ONDENA RUBIDOMYCIN	111	110
Dicloxacillin	CONSTAPHYL DICHLOR-STAPENOR DICLOXIL	50	51
Diphenicillin	ANCILLIN	51	51
Doxycyclin	VIBRAMYCIN	74	73
Epicillin	SPECTACILLIN	53	54
Erythromycin	ABLOTICINE ERYCEN ERYTHRAN LAURYLIN LUBOMYCIN	93	93
Flucloxacillin	CULPEN FLOXAPEN STAPHYLEX	50	51
Fusidinsäure	FUCIDINE RAMYCIN	109	109
Gentamycin	GARAMYCIN GENTOCIN GEOMYCINE REFOBACIN SULMYCIN	85	85

Vorgeschlagene bzw. festgelegte WHO-Bezeichnung	Wichtigste Synonyma	Beschreibung Seite	Formel Abb. Seite
Griseofulvin	FULCIN FUNGIVIN GRIFULVIN GRICIN SPIROFULVIN	105	106
Indanylcarbenicillin	CARINDAPEN		55
Kanamycin	KAMAXIN KAMYCIN RESISTOMYCIN	84	84
Lincomycin	LINCOLNENSIN	97	97
Methacyclin	ADRAMYCIN METACIL OPTIMYCIN RONDOMYCIN	74	73
Methicillin	BELFACILLIN CELBENIN CINOPENIL LUCOPENIN SINTESPEN STAPHCILLIN	50	51
Mezillinam		57	57
Mezlocillin	BAYPEN	56	57
Minocyclin	KLINOMYCIN MINOCIN	74	73
Nafcillin	UNIPEN	50	51
Neomycin B	FRAMYCETIN SOFRAMYCIN	80	81
Oleandomycin	LANDOMYCIN MATROMYCIN OLEANDOCYN ROMYCIL	94	95
Oxacillin	BRISTOPEN CRYPTOCILLIN MICROPENIN STAPENOR	50	51
Oxytetracyclin	ADAMYCIN BIOSTAT	73	73

Vorgeschlagene bzw. festgelegte WHO-Bezeichnung	Wichtigste Synonyma	Beschreibung Seite	Formel Abb. Seite
Oxytetracylin	GEOMYCIN TERRAMYCIN TERRAVENÖS VENDARCIN TARCHOCIN	73	73
Paromomycin	AMINOSIDIN AMOXORAL ESTOMYCIN HUMATIN PANGONYL	82	83
Penicillin G	BENZACILLIN BICILLIN ETITARD JENACILLIN MOLDAMIN	46	45
Penicillin V	BEROMYCIN ISOCILLIN ORATREN PHENOCILLIN V-TABLOPEN	48	48
Phenethicillin	ALFACILLIN ALFAPEN FENIPEN PEN-200 SYNAPEN VITALPEN	48	48
Pivampicillin	BEROCILLIN MAFIXEN PIVATIL PONDEX PONDOCILLIN	56	54
Pivmezillinam		57	57
Polymyxin B	AEROSPORIN BACILLOSPORIN POLMIX	99	100
Propicillin	BAYCILLIN CETACILLIN	48	48

Vorgeschlagene bzw. festgelegte WHO-Bezeichnung	Wichtigstd Synonyma	Beschreibung Seite	Formel Abb. Seite
Propicillin	ORICILLIN ULTRAPEN	47	48
Rifampicin	BENEMICIN RIFADIN RIFAMPIN RIFORAL RIMACTAN TUBOCIN	103	104
Rifamycin SV	RIFA 150 und 300 RIMACTAN RIFOCIN	103	104
Rufocromomycin	BRUNEOMYCIN NIGRIN STREPTONIGRIN	113	113
Sisomicin	BAYMICIN EXTRAMYCIN PATHOMYCIN SISOMIN	88	89
Spectinomycin	ACTINOSPECTOCIN SPECTAM SPECTOMYCIN STANILO TROBICIN	91	91
Streptomycin		79	78
Talampicillin	TALPEN	52	54
Tetracyclin	ACHROMYCIN HEXACYCLIN HOSTACYCLIN POLFAMYCINE SUNYCIN	73	73
Ticarcillin	AERUGIPEN	53	55
Tobramycin	GERNEBCIN, Lilly NEBCIN OBRACIN	87	87
Tylosin	TYLAN TYLON	95	96

17. Literatur

Monographien

BRUNNER, R., „*Die Antibiotika*“, 2 Bde., Verlag Hans Carl, Nürnberg, 1965

EHRHART, G., und H. RUSCHIG, „*Arzneimittel*“, Bd. 4, Teil 1, Verlag Chemie, Weinheim/Bergstr. 1972

FLYNN, E. H., „*Cephalosporins and Penicillins*“, Academic Press, New York, London 1972

FREY, R., „*Antibiotika – ein Leitfaden für die Therapie in Klinik und Praxis*“, Aesopus Verlag GmbH, Milano, München, Lugano 1974

HENNIG, A., „*Mineralstoffe, Vitamine, Ergotropika*“, VEB Deutscher Landwirtschaftsverlag, Berlin 1972

HEROLD, M., „*Antibiotika*“, VEB Deutscher Verlag der Wissenschaften, Berlin 1956

PATSCH, R., „*Antibiotika-Ratgeber*“, Gustav Fischer Verlag, Jena 1975

PRECOTT, S. C., und C. G. DUNN, „*Industrielle Mikrobiologie*“, VEB Deutscher Verlag der Wissenschaften, Berlin 1959

SIMON, C., und W. STILLE, „*Antibiotika-Therapie in Klinik und Praxis*“, F. K. Schattauer Verlag, Stuttgart–New York 1973

TAUCHNITZ, Chr., „*Rationelle antimikrobielle Therapie*“, Johann Ambrosius Barth, Leipzig 1976

THRUM, H., und H. BOCKER, „*Antibiotika – woher, wofür?*“, Urania-Verlag, Leipzig, Jena, Berlin 1971

WALTER, A. M., und L. HEILMEYER, „*Antibiotika-Fibel*“, Georg Thieme, Stuttgart 1975

Übersichtsarbeiten

HILLEBRAND, I., Grundlagen moderner antibakterieller Therapie, Therapiewoche **23**, 2193 (1973)

HÖFFLER, D., und W. R. PALMER, Neuere Antibiotika – eine Übersicht, Akt. Urologie **7**, 89 (1976)

HÖFFLER, D., Antibiotikatherapie bei Niereninsuffizienz, Dtsch. med. Wschr. **101**, 829 (1976)

HOIGNE, R., Antibiotikanebenwirkungen, Schweiz. med. Wschr. **105**, 281 (1975)

KAYSER, F. H., Bakteriostatische und bakterizide Chemotherapeutika und ihr Wirkungsmechanismus, Therapiewoche **24**, 892 (1974)

KELLER, H., Probleme der Wahl des Chemotherapeutikums, Umschau (1970), 772

LANG, E., Aktuelle Probleme der Antibiotikatherapie, Öst. Mh. ärztl. Fortbild. **11**, H. 11/12 (1970)

LORRAIN, J.-M., Panorama actuel de l'antibiotherapie, Nouv. Presse Med. **18**, 1162 (1974)

LUND, F., und L. TYBRING, 6β-Amidinopenicillanic Acids – A New Group of Antibiotics, Nature New Biol. **236**, 135 (1972)

LÜTHY, R., Aminoglykosid-Antibiotika aus klinischer Sicht, Schweiz. med. Wschr. **106**, 450 (1976)

LÜTHY, R., G. SIEGENTHALER und W. SIEGENTHALER, Antibiotika und ihre Indikationen, Therapiewoche **24**, 898 (1974)

MIELKE, U., Aspekte des Pseudomonas-aeruginosa-Hospitalismus, Dt. Gesundh.-Wesen **30**, 1992 (1975)

MODR, Zd., und K. DVORACEK, Pharmakokinetik der Antibiotika, Dt. Gesundh.-Wesen **31**, 145 (1976)

NAUMANN, P., Antibiotika-Dosierung und Resistenzprobleme, Therapiewoche **24**, 5741 (1974)

ORTEL, S., Zum gegenwärtigen Stand der Standarddosierung von Resistenzbestimmungen von Krankheitserregern gegenüber Antibiotika und Sulfonamiden, Dt. Gesundh.-Wesen **27**, 1530 (1972)

PULVERER, G., Zur derzeitigen medizinischen Bedeutung und Antibiotika-Resistenz von Staphylokokken, Dtsch. med. Wschr. **97**, 252 (1972)

RAAB, W., Spectinomycin. Indikationen und unerwünschte Nebenwirkungen, Schweiz. med. Wschr. **105**, 1116 (1975)

RICHMOND, M. H., Folgeerscheinungen der Antibiotika-Anwendung, Dtsch. med. Wschr. **99**, 470 (1974)

SPATH, P., Zur Frage der immunologischen Kreuzreaktion zwischen Penizillin und Cephalosporin-Derivaten, Dtsch. med. Wschr. **100**, 903, (1975)

SPRING, W. G., Das Wesen der extrachromosomalen Resistenz und deren Bekämpfung durch Flavomyzin, Tierärztl. Umschau **30**, 591 (1975)

TROLLDENIER, H., Zu Grundlagen der Antibiotika-Resistenz, Mh. Vet.-Med. **30**, 234 (1975)

WYSOLKI, S., Richtlinien für die Antibiotikabehandlung in der Klinik, Therapiewoche **24**, 3070 (1974)

18. Namenregister

19. Stichwortverzeichnis

Die im Abschnitt 16. Tabellarische Übersichten angeführten Sachbegriffe fanden hier keine Berücksichtigung.

Der Verfasser

- definiert und charakterisiert die Stoffklasse der Antibiotika

- gibt einen Überblick über wichtige Herstellungsverfahren

- bringt Hinweise zur Anwendung in der Therapie, vermittelt Kenntnisse über Wirkungsweise und Wirkungsspektrum

- erfaßt tabellarisch die wesentlichen Gebrauchseigenschaften der Antibiotika und ihre wichtigsten Handelsnamen

WISSENSCHAFTLICHE TASCHENBÜCHER